天下·文化
BELIEVE IN READING

World of Science

怎樣解題

How To Solve It

A New Aspect of Mathematical Method

by G. Polya

波利亞／著　　蔡坤憲／譯

作者簡介

波利亞（George Polya, 1887-1985）

生於匈牙利布達佩斯，父母為猶太人。求學時期攻讀哲學、物理、數學，在布達佩斯大學取得數學博士學位。

第一次世界大戰期間，波利亞在蘇黎士的瑞士聯邦理工學院（ETH）擔任教職，於1928年升為正教授。1933年曾前往美國普林斯頓大學訪問。

1940年，由於歐陸政治情勢，被迫移民美國，1943年起獲聘為史丹福大學的教授，直到1953年榮譽退休。退休後，波利亞仍十分忙碌，除了繼續在史丹福授課，更熱心數學教育，致力研究數學問題的解題策略。

波利亞是二十世紀極重要的數學家、數學教育家。在純數學領域，他與Gábor Szegó合寫了《分析中的問題與定理》（*Problems and Theorems in Analysis*）這部傑作；在數學學習及教學方面，除了《怎樣解題》，還陸續出版了《數學與似真推理》（*Mathematics and Plausible Reasoning*，共兩卷）與《數學的發現》（*Mathematical Discovery*，共兩卷）。

譯者簡介

蔡坤憲

東海大學物理系畢業，國立交通大學電子物理所碩士，曾在中學服務三年，任教國中理化與高中物理等科目。目前在紐西蘭懷卡托大學（University of Waikato）科學與科技教育研究中心，攻讀科學教育博士學位，研究領域為科學教育、物理教學、師資培育與教育多媒體設計；也在懷大物理系兼任助教的工作。劍道是主要的課餘興趣。譯有《觀念物理 II：轉動力學、萬有引力》、《怎樣解題》，著有《觀念物理 VI：習題解答》（皆為天下文化出版）。

怎樣解題

A New Aspect of Mathematical Method

第一部 在教室裡 31

主要步驟及主要提問　　　　　　36

A New Aspect of Mathematical Method

第二部
怎樣解題：一段對話   67

第三部
啓發法小辭典

73

† 僅含交叉參考說明。

How To Solve It

A New Aspect of Mathematical Method

† 僅含交叉參考說明。

† 僅含交叉參考說明。

英文版初版序

　　大發現解決大問題，然而，並不是只有大發現才有存在的價值；每一個問題的解答，都需要有某個「發現」才行。你所面臨的也許只是個小問題，但是如果它能引起你的好奇心，引發你的創造力，而且，如果你是用自己的方法來解決這個問題的，那麼，你一樣會經歷到發現過程中的緊張情緒，以及享受到最後那份「勝利」的喜悅與興奮。這一類的經驗，也許會讓年輕人培養出智性上的品味，甚至烙印在心裡，成為陪伴終生的一種性格。

　　因此，數學老師也就掌握了大好良機。如果他（她）在教學過程中總是讓學生不斷做些機械性的計算，那無異於扼殺了學生的興趣，阻礙了學生的智能發展，同時浪費了大好良機。但是，如果他（她）能夠掌握良機，刺激學生的好奇心，能夠因材「出題」，刺激學生思考，協助他們解決問題，如此一來，也許就能夠讓學生培養出獨立思考的愛好，也學會獨立思考的方法。

　　如果大專院校的學生選修的學科還包括數學的話，可以說他們掌握了一個獨特的機會。然而，學生如果將數學單純視為修滿畢業學分所需的一門學科，只要通過期末測驗就可以立刻把所學拋到腦後、忘得乾乾淨淨的話，那當然可說是坐失良機了。就算學生在數理上頗具天分，機會還是可能從指尖溜走，因為這些天賦異稟的學生也跟其他人一樣，必須花點功夫探索自己的天分，培養自己的興趣。想想看，如果沒嚐過覆盆子派，哪裡會知道自己喜不喜歡呢？

　　然而，學生最後可能還是會發現，數學問題也許就像填字遊戲一樣好玩，他們還可能發現解數學題時的心智活動，也可以像一場勢均力敵的網球賽一樣讓人嚮往。學生一旦嚐過了數學的愉悅之處，就很難再忘記，而這樣一來，數學就有機會在他們的生命中占有一席之地，成為他們的嗜好、未來從事專業工作時必需的工具、成為他們的專業，或幻化成他們的抱負。

　　筆者還記得自己的學生時代稱得上是一個有理想、有抱負的有為青年，對於數學與物理相關知識，有強烈的求知慾。他上課聽講、也多方閱讀，試圖廣納老師所教以及書本上的知識，但是有個問題卻一再困擾著他。「嗯，沒錯，這樣解題似乎行得通，看起來是正確的答案，看起來也像是事實；但是這樣的解或事實是怎麼發現的？我要怎麼樣才能夠創造這些？就算不能創造，至少能夠自己發現這些解法？」

多年後的今天，筆者於大學任教，專門教授數學；他也希望自己的眾多學生中，能有一些積極進取的學生提出雷同的問題，而他則盡量滿足他們的好奇心。他不僅試圖了解各種各樣問題的解答，還希望能了解這些解答背後的動機和過程；他還試著解釋這些動機和過程讓他人了解，而這也是促成他完成這本書的原因。他希望本書能夠為每一位想要培養學生自行解決問題能力的老師，提供一些實用的知識，也為那些想要發展自我解題能力的學生，提供實際的幫助。

儘管筆者主要是以數學系師生的需求為本書的關注點，但實際上對於每一個關心發明及發現方法的人，這本書應該都能挑起大家閱讀的興趣。而這樣的人數量之多，可能完全出乎我們的意料，我們實在不應該未經思索就草率假設。填字遊戲和各種猜謎遊戲常見於報紙或雜誌上，這情形似乎顯示了人們也挺喜愛解答一些與日常生活不直接相關、不能帶來任何物質利益的問題。如果深究這種解題的欲望，我們也許能夠推測：人們內心深處應該是有更深切的好奇心，也急於了解問題解答的方法、動機及解題過程。

後面各章節可說刻意寫得十分精確，但是盡量用淺顯易懂的方式來寫，儘管寫得簡單，仍然根據了長期而嚴謹的解題方法研究為基礎。有些作者把這樣的研究稱為「啟發法」（heuristic），這種研究現今已經不再流行，但是由來已久，也許未來還會再領風騷呢。

　　在研究解題方法的過程中，我們察覺到數學的另一面。是的，數學有兩面，它不僅是嚴謹的歐幾里得學，還具有其他面向。以歐幾里得的方式所呈現的數學，看起來像是一門有系統的演繹科學；然而，發展中的數學，又像是一門實驗的歸納科學。這兩個觀點，其實都跟數學本身的歷史一樣久遠，不過，從某個角度來說，第二個觀點顯得比較新鮮一些，因為這種「創造數學的過程」，從來沒有這樣子呈現給學生、老師或社會大眾。

　　「啟發法」所涵蓋的範圍，可說是五花八門；數學家、邏輯學家、心理學家、教育學家，甚至哲學家，都能在其中找到屬於他們的專精領域。筆者相當了解可能來自相反立場的批評，也很願意承認自己所知有限，在此只想說明一件事：他自己有一些解題的經驗，也有許多不同程度的數學授課經驗。

　　筆者也正致力於另外一本書，希望能對啟發法這門學問，作更進一步的探討。

寫於史丹福大學，1944 年 8 月 1 日

初版第七刷序

　　我很高興可以向大家報告，我已經成功地（至少是部分成功地）履行了我在本書第一刷的序中所給的承諾：我近期出版的《數學與似眞推理》這套書的第一卷《歸納與類比》與第二卷《似眞推論模式》[編注]，延續了最初寫作《怎樣解題》時的思維。

　　　　　　　　　　　　　　寫於蘇黎士，1954 年 8 月 30 日

編注：英文原著書名分別爲 *Mathematics and Plausible Reasoning: Induction and Analogy* 及 *Mathematics and Plausible Reasoning: Patterns of Plausible Inference*，這套書目前有簡體中文版，書名爲《數學與猜想—數學中的歸納與類比》及《數學與猜想—合情推理模式》。

第二版序

　　除了一些小修正之外，這一版主要新增了第四部「問題、提示
與解答」。

　　就在本版即將付梓之際，一份由美國教育測驗服務社（ETS）所
做的研究適切地指出一些現象（參考 1956 年 6 月 18 日的《時代》雜
誌）：「……數學很『光榮地』成為學校課程中，最不受歡迎的一
個科目……未來的老師在小學裡，學會怎麼討厭數學……長大之後，
他們回到學校去，教導下一代該怎麼討厭數學。」對圈內人來說，
這也許不是什麼新鮮事，但的確是該讓社會大眾知道的時候了。

　　我希望本書的這一版，能夠更為普及，也可以讓某些讀者了解
到，學習數學，除了是為將來從事工程工作或學習科學知識預作準
備之外，也可以是有趣的，還可以開啟高階心智活動的大門。

　　　　　　　　　　　　　　　　　　寫於蘇黎士，1956 年 6 月 30

「怎樣解題」提示表

了解問題

第一、
你要了解問題

未知數是什麼？已知數是什麼？條件是什麼？

　　解答能夠滿足這些條件嗎？已知的條件是否足夠決定未知數？太少？太多？或是彼此有矛盾？

　　畫個圖。採用合適的記號或符號。

你能把條件的各個部分分開並且寫下來嗎？

擬定計畫

　　你是否看過這個題目？或是看過相同、但以不同方式表達的題目？

第二、
● **找出已知數**
　　和未知數之
　　間的關係。
● **如果這個關**
　　係不是很明
　　確，你可以
　　試試考慮類
　　似的問題。

　　你是否知道什麼相關的題目？你是否知道什麼定理可以派得上用場？

　　仔細看未知數！並試著想想有什麼類似的問題，有相似或相同的未知數。

　　這裡有個你以前解過的問題，你能運用它嗎？你能運用它的結果？或是方法？是否需要引入什麼輔助元素，才能讓這個解決過的問題派上用場？

　　你能否把問題重新敘述一遍？或是用不同的話再說一次？回到定義看看。

　　如果不能解決眼前的問題，試著先從一些相關問題著手。考慮一些相關但比較容易解決的問

● 最後，你應
　該能想出解
　題的計畫。

題？例如，比較一般化的問題？比較特殊的問題？相似或類比的問題？你能否只解決問題裡的某個部分？只考慮條件的某個部分，而先忽略其他部分：再看看離真正的未知數有多遠，還可以做什麼改變？你能從已知數中找到什麼線索？未知數或已知數可以怎麼改變（必要時，同時改變二者），來讓它們彼此更接近一些？

你是否已經使用了所有的已知數？你是否已經用了所有的條件？你是否已考慮了與問題相關的所有必要觀念？

執行計畫

第三、
執行你的計畫

把你的解題計畫付諸實現，仔細地檢查每一個步驟。你能否清楚地確定每一個步驟都是正確的？你能否證明每個步驟都是正確的？

驗算與回顧

第四、
檢查你得到的
解答

你可以驗算所得的答案嗎？能不能檢驗你的論證過程？

你能否用不同的方法得出相同的答案？你能否一眼就看出答案來？

你能否把這個結果或方法，應用到別的問題上？

序

康威（John H. Conway）

　　《怎樣解題》是很棒的書！早在多年前，當我還是個學生，第一次讀這本書的時候，我就已經知道它是本好書了，但是，我卻花了很久的時間，才眞正體會這本書有多麼棒！爲什麼會這樣？部分的理由，是因爲這本書很特別。在我做學生與當老師的這些年裡，我從來沒有讀過另外一本書，像波利亞這本書的書名所說的，教你怎麼樣解題。荀菲爾德（A. H. Schoenfeld）1987年在美國數學協會（MAA）的期刊發表的文章〈波利亞、解題與教育〉中，正確地描述出這本書的重要性：「在數學教育以及解題的世界裡，本書爲兩個時期清楚地畫下了一條界線：波利亞之前的解題活動，與波利亞之後的解題活動。」❶

　　《怎樣解題》是有史以來最成功的數學書。從1945年首次出版以來，銷售已經超過百萬冊，並譯成十七種語言（編注：根據英文版出版社的資料，已經有二十三種了）。波利亞稍後還寫了兩本關於做數學研究這門藝術的書：《數學與似眞推理》（*Mathematics and Plausible Reasoning*）（1954）與《數學的發現》（*Mathematical Discovery*）（共兩卷，1962與1965）。

---

❶ 見 A. H. Schoenfeld, Polya, problem solving, and education, *Mathematics Magazine* **60** (5) (1987), 283-291。

這本書的書名，讓它看起來好像只是一本為學生所寫的書，但是事實上，它寫給老師的內容，並沒有比較少。誠如波利亞自己在「前言」裡所說的，本書的第一部，大部分是站在老師的觀點來寫的。

不過，每個人都因此而獲益。如果是學生來讀這本書，將會「偷聽到」波利亞對書中那位事實上並不存在的老師所給的一些建議，彷彿身旁好像真的有這麼位好老師一樣。這就是我自己讀這本書的感覺，而且很自然地，在我幾年後開始教書時，我發現自己也不斷使用那些我認為重要的建議或意見。

然而一直到不久前，我有機會重讀此書，而且在讀完之後，我忽然了解到，這本書的價值比我以前所想像的還高！我自己是學生時，波利亞所給的許多意見，感覺並不太有幫助，然而，這些意見現在卻讓我變成一位比較好的老師，知道怎麼去幫助和我遭遇不一樣問題的人。

顯然，波利亞教過的學生比我多，而他也一直很努力地在思考，在數學的學習上，怎麼樣才能對學生最有幫助。也許，他最重要的觀點是：學習必須是「主動的」。誠如他在某一堂課裡提到的：「數學，不是一門讓人用來觀賞的活動。所謂的『了解』數學，意思是要有能力去『做』數學。什麼叫作（有能力）『做』數學呢？它的第一個意義就是：有能力去解決一個數學問題。」

我們常說，若要教好某個科目，教的人懂得的「至少得跟他的學生一樣多」。對教數學來說，有一個很弔詭的事實就是：老師還得知道學生可能會產生什麼樣的誤解！如果老師講述的內容，可以用兩種以上的方式來解讀，那麼必然會導致有些學生理解到其中一種，另外的學生各有體會，極好或極糟的情形皆有。

　　李特伍德（J. E. Littlewood）舉了兩個有趣的例子，說明我們可能不自覺地就對假設產生誤解。首先，他提到在藍姆（Lamb）的《力學》這本書裡，對座標軸的描述（「因為 O_x 與 O_y 是二維平面，所以 O_z 是垂直的」）是錯誤的，因為藍姆總是蹺著腳坐在椅子上工作！其次，藍姆要求他的讀者畫一條封閉曲線，讓它完全位於某條切線的一側，然後他說，總共只有四種主要不同的可能性（垂直切線的左方或右方，水平切線的上方或下方），而且在沒有圖形解說的情形下，他假定這條封閉曲線位於它的垂直切線的右方，而不知不覺地忽略了另外三種可能性。

　　因應這類假定的方法，我想不出有什麼建議比波利亞的更好：在試著解題之前，學生應該要能清楚、明確地展示出自己對問題的理解；最好是有位真實的老師在眼前，否則，也要自己想像有位老師在身旁。有經驗的數學家多半知道，數學研究最難的部分，往往就是不容易很明確地了解問題究竟在說些什麼。碰到這種狀況，他們通常也都遵循波利亞的建議：「如果你不能解決眼前的問題，試著從簡單一點的問題著手：把這個問題找出來。」

　　各位除了可以從這本書的內容學到東西之外，應該也會從作者波利亞的生平事蹟，得到很多啟示。❷

　　喬治‧波利亞（George Polya）於 1887 年 12 月 13 日生於匈牙利的布達佩斯。他出生時所取的名字是 György Pólya，稍後才略去這

---

❷ 底下有關波利亞的生平介紹，取材自 J. J. O'Connor 與 E. F. Robertson 的線上數學史資料庫 MacTutor History of Mathematics Archive (www.gap.dcs.st-and.ac.uk/~history/)。

些抑音符號。父親是 Jakab Pólya，母親是 Anna Deutsch。由於 Jakab、Anna 和他們的三個小孩（Jenő、Ilona 和 Flóra）於前一年放棄猶太教而改信天主教，所以喬治一出生就受洗爲天主教徒。他們家的第五個小孩（László）則在四年後出生。

　　父親 Jakab 在喬治出生的五年前，把姓氏從 Pollák 改成聽起來比較像匈牙利文的 Pólya，因爲他認爲，這樣有助於他在大學裡找到工作。他也的確謀得大學裡的教職，但他不幸於 1897 年突然逝世，所以只在大學裡服務了一段很短的時間。

　　小波利亞在中學時期，除了匈牙利文之外，還選讀了希臘文、拉丁文與德文。有點意外的是，他當時對數學並不特別感興趣，與他在文學、地理與其他科目的「傑出」表現相比，他在幾何學方面的表現只能算是「及格」而已。在文學之外，生物學則是他最喜歡的科目。

　　他於 1905 年就讀於布達佩斯大學（University of Budapest）法律系，不過，因爲覺得很無聊，所以他很快就轉系了。之後，他取得了教師證書，可以在高中教授拉丁文與匈牙利文；雖然他從來沒有使用過這張教師證書，但這卻是他一直引以爲傲的一件事。他之所以最後會學習數學，是因爲他的指導教授亞歷桑德（Bernát Alexander）建議他，他應該選讀一些數學與物理的課程，以幫助他在哲學上的學習。後來他曾自嘲說：「我的物理不行，哲學又太好——數學剛好在它們中間。」

　　波利亞在布達佩斯大學的物理老師是厄特沃什（Eötvös），數學老師是費耶（Fejér）。1910 至 1911 學年度，他前往維也納大學，受沃廷格（Wirtinger）和梅藤斯（Mertens）兩位老師指導，隨後回到布達佩斯，取得博士學位。隨後的兩年，他大都留在哥廷根；在那

裡，他結識了許多數學家，例如：克萊因（Klein）、卡拉泰奧多里（Caratheodory）、希爾伯特（Hilbert）、龍格（Runge）、蘭道（Landau）、魏爾（Weyl）、庫朗（Courant）和托普利茨（Toeplitz）。

接下來的1914年，他到巴黎訪問研究，並與皮卡（Picard）與阿達瑪（Hadamard）逐漸熟識，並得悉胡維茲（Adolf Hurwitz）幫他在蘇黎士安排了一個工作機會。他接受了這個工作機會，並在稍後寫到：「我之所以會到蘇黎士，是為了能與胡維茲就近一起工作。從我於1914年抵達蘇黎士，一直到他辭世〔1919年〕之前，有六年的時間，我們有緊密的合作關係。我對他印象非常深刻，並編輯他的許多作品。」

當然，就在此時發生了第一次世界大戰。起初，這對波利亞沒有很大的影響，因為早期的足球運動傷害，他已經申請免除從軍，但是後來戰情吃緊，需要更多的新兵加入戰場，匈牙利政府曾要求他回國從軍，為國而戰。由於他強烈的和平主義觀點，因此拒絕了政府的要求，結果導致他有一段很長的時間被禁止回國；事實上，他一直到1976年才再次回到匈牙利，距離他離開祖國，已經54年了。

在這段期間，他入了瑞士國籍，並在1918年和瑞士女孩韋伯（Stella Vera Weber）小姐結婚。在1918和1919這兩年裡，他發表了許多篇的數學論文，涵蓋了許多不同的領域，例如：級數、數論、組合數學、投票表決系統、天文學，以及機率學等。他於1920年，升等為蘇黎士的瑞士聯邦理工學院（ETH）副教授。稍後幾年，他與澤果（Gábor Szegó）共同出版了《分析中的問題與定理》（*Problems and Theorems in Analysis*），在亞歷山德森（G. L. Alexanderson）和藍格（L. H. Lange）悼念波利亞而寫的傳記中，把此書描述為「確立他們大師

級地位的數學傑作」。

這本書於1925年問世。之後，波利亞得到洛克斐勒獎學金（Rockefeller Fellowship）並轉往英國工作，在那裡，他與哈地（G. H. Hardy）和李特伍德（J. E. Littlewood）共同合作，成果就是稍後出版的《不等式》（*Inequalities*，劍橋大學出版社1936年出版）。他利用第二次的洛克斐勒獎學金，於1933年前往普林斯頓大學訪問，當他還在美國的時候，應布利區費爾德（H. F. Blichfeldt）之邀，也到史丹福大學訪問；他非常喜愛史丹福，而史丹福最後也成了他的家。從1943年起，他獲聘為史丹福大學的教授，一直到1953年退休為止，但他繼續授課到1978年，開的最後一門課是組合數學。他於1985年9月7日逝世，享年97歲。

有些讀者可能會希望知道波利亞在數學上的貢獻。他大部分的貢獻都與分析學有關，但都是非常專門的數學研究，不在數學領域裡的社會大眾，可能難以理解，不過，有些貢獻還是值得在此一提。

在機率理論裡，現在已經是公定用語的「中央極限定理」（Central Limit Theorem），就是波利亞的貢獻。此外，他也證明出機率測度的傅立葉變換是一個特徵函數，以及證明了在整數晶格中隨機漫步（random walk）的機率接近1，若且唯若其維度的最大值為2。

在幾何學上，波利亞獨立地再次列舉出17個平面結晶體群（crystallographic groups）；首次完成這項工作的人是費多羅夫（E. S. Fedorov），但他的研究工作已經失傳。波利亞還與尼格利（P. Niggli）合作，發展出這些結晶體群的記法。

　　在組合數學裡，波利亞的計數定理（Enumeration Theorem）現在已經成為根據對稱性來計數構形的標準方法。里德（R. C. Read）曾把這個方法描述成「一篇非凡論文中的一個非凡定理，也是組合分析（combinatorial analysis）歷史上的重要里程碑」。

　　《怎樣解題》是波利亞還在蘇黎士的最後一年（1940年），以德文寫成的。稍後，由於歐洲的情況，他被迫遷往美國。雖然事後證明這本書非常成功，但是在普林斯頓大學出版社於1945年出版它的英文版之前，曾遭到四家出版社的拒絕。透過普林斯頓大學出版社，《怎樣解題》迅速且持續地成為有史以來最成功的數學書籍。

〔本文作者康威（1937- ）為英國數學家，美國普林斯頓大學
馮諾伊曼數學講座教授，生命遊戲（game of life）發明人〕

前　言

　　本書討論的重點，主要是針對「怎樣解題」提示表中的問題與建議。在本文中，遇到從提示表中直接引用的提問或建議，會以標楷體表示。

　　本書的主要內容，從討論我們整理這張「提示表」的目的開始，透過實際的例題，來說明如何使用這張表，以及解釋其中的觀念與相關的思考。用比較粗淺的解釋方式，我們可以這樣說：如果妥善使用這張表，仔細思考表中的提問與建議，對你的解題工作將會很有幫助。如果你能把這張表妥善運用到你的學生身上，那麼將會有助於他們的解題工作。

　　本書分成四個主要部分。

　　第一部的標題是「在教室裡」。這部分包含了20個小節。為方便交叉索引，我們將以「第一部第1節」或簡寫成「第1節」作為它們在本書中的「地址」。第1節到第5節，討論我們整理這張提示表的「目的」。第6節到第17節，說明這張表中的「主要步驟及提示問題」，並討論本書所舉的第一個例題。第18、19、20三個小節，則是列舉「更多的範例」。

　　第二部的篇幅很短，標題是「怎樣解題」。它以對話的形式，模擬師生之間針對「怎樣解題」的一段簡短的對話。

　　第三部爲「啓發法小辭典」，占了本書最主要的篇幅，收列了67則短文或詞條。例如，「啓發法」的意義，就以一篇短文來做解釋。若有需要交叉參考的地方，會標示出類似「請參閱……」的字樣。某些比較專門、比較技術性的討論，會以 * 號標示出來，並附注說明。有一些詞條與第一部的內容較爲相關，因而會包含更多的例題或更詳盡的解釋；某些詞條的內容與第一部沒有直接的關係，而是提供一些理解解題活動所需的背景知識。

　　其中最主要的一則是「現代啓發法」，它解釋了所有收錄在這部小辭典中的詞條之間的關係，以及如何從提示表中，找到某個特殊項目的方法。

　　有一點要特別強調一下，雖然這部小辭典的內容，表面上看起來差異頗大，但是在編撰的過程中，我們確實遵循一個共同的架構，而內容本身也有相當的統一性。有幾篇較長的短文，希望對於已經有過的簡短討論，作進一步且更有系統的討論；某些短文，則是包含一些特定主題的討論；另有一些則是單純的交叉索引，或是歷史陳述或小故事、名言佳句、格言，甚至也包括了笑話。

　　這部小辭典不應該以瀏覽的方式閱讀，它的文字大都很簡潔，有時候則是用很精緻的文字，來表達細微的思考部分。你可以用查閱的方式，來增加對特定主題的理解。如果這些特定的主題，是來自你自身的經驗，或是你的學生的經驗，那麼閱讀起來，應該會更有收穫。

　　第四部的標題是「問題、提示與解答」。它爲比較認眞或比較願意動腦筋的讀者，多列了幾道問題。每道問題都有個「提示」，希望能在解題的過程中，提供一點幫助。最後則是「解答」。

　　在全書的敘述中，我們一再地用到「學生」與「老師」這樣的字眼。比較好的方式，是把這個「學生」想像成是高中生或大學生，或只是正在學數學的人。同樣地，這位「老師」可以是一位高中老師，或大學老師，或是任何一位對數學教學技巧有興趣的人。筆者有時會從學生的觀點出發，有時則是從老師的觀點出發（本書的第一部大都以此角度出發）。然而大部分的時候，特別是在本書的第三部，筆者的角色只是熱切希望解決問題的人，既非學生，也不是老師。

How To Solve It

A New Aspect of Mathematical Method

第一部
在教室裡

目 的

1 幫助學生

　　老師最重要的工作，就是要幫助學生。這份工作並不容易；它需要時間、經驗、熱誠，以及對正確原則的理解。

　　應該盡量讓學生擁有獨立工作的經驗。然而，若是只給他題目，卻不給予任何幫助，或是幫助得不夠，他們可能無法有任何的進度。另一方面，老師也不能幫助得太多，變成越俎代庖，否則，學生就什麼也沒學到了。老師應該要幫助學生，而且要幫得恰到好處，既不能太多，也不能太少，這樣學生才能在解題的過程中有適度的參與感。

　　如果學生無法承擔太多，老師至少要讓他具有一些獨立工作的感覺。為了達到這個目的，老師應該慎重地、**不露痕跡地**幫助學生。

　　能夠很自然地幫助學生是最好的。老師應該把自己放在學生的立場，試著了解學生的困難，去體會學生心裡的想法，然後提示問題或建議，**就像是學生自己想出來的一樣**。

2 提問、建議、心智活動

　　想能夠有效而又不露痕跡、很自然地幫助學生，老師必須一再提示相同的提問，以及相同的建議。因此，在無數的問題裡，我們一再地問學生「*什麼是未知數？*」我們也許會用不同的字句，或是用不同的方式，例如：題目要求的是什麼？你想要尋找什麼？

什麼是你應該去找的？這些提問的目的，就是要把學生的注意力，集中在未知數上。有時候，直接建議學生「仔細看未知數！」，也會自然產生相同的效果。提問與建議，都希望達到相同的效果：它們都在引起相同的心智活動。

對筆者來說，把和學生討論問題時，有幫助的提問與建議，收集起來並加以分類，也許是件有價值的事。前面的「怎樣解題」提示表，就收集了這類的提問與建議，而且經過精心的挑選與安排；它對獨立解題的讀者來說，也同樣有幫助。熟悉了這張表所含有的提問與建議，而且也了解這些建議背後所需的行動之後，你也許會了解到，這張提示表所（間接）列舉的，是許多有助於解題的心智活動，並把這些心智活動，以發生的頻率高低來排序。

3 普遍性

在提示表裡的提問與建議，都具有相當的普遍性。例如：未知數是什麼？已知數是什麼？有什麼已知的條件？一般說來，這些提問，對所有的問題都很有幫助，不論是代數的或幾何的，數學的或非數學的，理論題或應用題，一系列的問題或單一的難題，這些提問都很適用，也都能幫助解題工作的進行。

不過，雖然這些提問與建議，不受限於特性的問題或範圍，但是**還是有個重要的限制**。提示表裡的某些提問與建議，只適用於「求解題」，也就是我們一般常說的計算題或應用題，而不適用於「證明題」。對於證明，需要用另一類的提問；請參閱第 199 頁的求解題與證明題一節。

4 常識

提示表裡所列的提問和建議，適用於一般情形，但是除了一般性之外，它們也都是自然、簡單、明顯，而且是從常識來的。例如：仔細看未知數！想一想熟悉的問題中，是否有相同或類似的未知數。如果你很認真地對待某個問題，即使沒人給你任何建議，你自己本來就會很自然地去做這些相同的事。

譬如肚子餓的時候，你會去找食物，而且會先用熟悉的方式去尋找。碰到一個幾何作圖題，需要畫三角形時，你會先用熟悉的方式來畫這個三角形。遇到其他類型的問題，希望找出某個未知數時，你自然會先用熟悉的方法來找這個未知數，或是類似的未知數。如果你這麼做，其實就和我們在提示表裡所給的建議一樣了；而且你也是在正確的方向上。「仔細看未知數！」是個很好的建議，它建議你一個非常容易獲得成功的步驟。

提示表裡所有的提問和建議，都是很自然、簡單、而且顯然的常識；但是，提示表用了一般的語言，把這些常識明確地表示出來。只要是認真對待問題，以及有些許常識的人，所會自然採取的行動，就是提示表中所建議的行動。然而，這群會採取正確行動的人，通常不怎麼在意去把他們的行為，以清楚的言語表示出來，或是他們也不知道該怎麼來說清楚。我們的提示表，就是想幫忙說清楚這些解題的行動。

5 老師與學生、模仿與練習

當老師問學生問題，或是提供（提示表裡的）建議時，老師們的心裡應該是有兩個目標：第一，幫助學生解決眼前的問題；第二，培養學生的解題能力，以便將來可以自己解決問題。

經驗告訴我們，這個提示表裡的提問和建議，若能適當使用，常常可以有效地幫助學生。這些提問與建議有兩大特徵：常識性與普遍性。由於它們基於常識而來，所以它們往往來得很自然，甚至學生自己都可以想得到。因為它們具有相當的普遍性，所以可以不露痕跡地幫忙；它們在指引了一個大方向之後，就把大部分的思考工作，都留給了學生自己去處理。

因此，這與我們先前提到的那兩個目標，有很密切的關係；當學生成功地解決手邊的一道問題之後，他的解題能力同時也就有所提升。別忘了，我們的提問是可以適用於一般情況的。因此，如果某個提問常常很有用，那麼學生很難不去注意到它，當下次再遇到類似的情況時，他很自然就會給自己相同的提問。經由一再重複地使用相同的提問，他早晚可以成功地得出正確的想法。只要有一次這種成功的經驗，他便學會了這個提問的正確使用方法，然後，這個提問就會逐漸成為他的思維的一部分。

當學生最終可以在正確的時機，以正確的提問問自己，並且很自然地執行相對應的心智活動時，他可說是已經成功學會了提示表裡的某些提問。這樣的學生，就是從我們的提示表裡，獲得最大的助益的人。那麼，老師們該怎麼做，才能達到這個最佳結果呢？

解題活動是一項很實際的技能，就像游泳一樣。任何實際的技能，都是靠著模仿與練習學會的。以學游泳為例，通常是先靠模仿別人手腳的動作，然後透過不斷的練習，才有辦法學會。想學會解題，也是一樣。你得先觀察與模仿別人在解題時，都做了些什麼事，然後，你還是得實際動手練習解題，最後才學得會解題。

老師若想幫助學生培養解題能力，需要讓學生感受到解題的趣味，並提供充分的機會，讓學生可以模仿與練習。如果老師希望幫

助學生，發展我們在提示表裡所列舉的心智活動，那麼老師要盡可能自然地向學生提出這些提問或建議。此外，當老師在課堂上解題時，他應該要試著多展示一點他自己的思考過程，他可以像在個別指導學生時那樣，以自問自答的方式來使用這些提問。透過這樣的引導，學生最後一定可以學會這些提問與建議的使用方法，而且透過這個方式，學生所學到的東西，是比特定的數學知識更為重要的東西。

主要步驟及主要提問

四個階段

在尋求解答的過程中，我們的想法往往會一再改變，看待問題的方式與觀點，也都會一再產生變化。在剛開始解題時，我們對問題的了解可能很有限，也不完整；在有些進展以後，會對問題產生不同的了解；到了快要知道答案的時候，對問題自然又有一番新的認識。

為了方便把「提示表」上的提問和建議分門別類，做個整理，我們把解題活動分成四個主要階段：首先，我們必須要**了解**問題：我們必須很清楚地知道，什麼是我們要尋找的解答。第二，我們必須要了解問題裡存在的各個關係，例如已知數和未知數之間有什麼關係，並據此擬定一個**計畫**，來求得解答。第三，我們確實動手來**執行**計畫（數學計算）。最後，我們要**回顧**整個解答過程，驗算答案並討論它的意義。

每個階段都有它的重要性。有時候，學生也許會靈光一閃，可以跳過所有的準備步驟，直接得出解答。當然很多人都希望能有這

種幸運的時光；但是相對來說，沒有人會希望，在辛辛苦苦經歷這四個階段之後，卻還是無法得出什麼好點子。最糟的情形則是，學生在**了解**問題之前，就匆匆動手開始計算。一般來說，在不了解問題的整體關聯，或是心裡還沒有份**計畫**之前，就開始從事細節的計算工作，往往是無濟於事的。此外，在執行計畫（計算）的過程中，如果學生可以**一步一步地檢查**，往往可以避免很多錯誤與疏失。若少了驗算，或是沒有**回顧**一下解答的過程，則往往無法從解題的活動中，獲得最佳的結果。

7 了解問題

去回答一個你不了解的問題，實在是件愚蠢的事情。為了你不想得到的結果，卻又必須辛勤工作，實在很令人沮喪。不論在學校裡或學校外，這類愚蠢而又令人沮喪的事，卻經常發生。老師實在應該避免讓這類的事情，在他的課堂上發生。學生應該要了解問題，但是，光只有了解問題是不夠的，他們還應該要有份渴望或動機，希望去把解答找出來。如果學生缺乏對問題的了解或興趣，這並不全然是他們的錯；選題或出題要恰當，不要太難，也不要太簡單，並要自然而有趣，而且要有足夠的時間，來對題目做自然而有趣的說明。

首先，題目的敘述，必須是學生所能理解的。在某個程度上，老師可以檢查這點；他可以要求學生再說一次問題，學生應該可以很流利地複述出問題。學生應該也可以指出問題裡的主要部分為何：未知數、已知數和已知的條件等。所以，老師實在很難會漏掉「什麼是未知數？」「什麼是已知數？」「有哪些已知條件？」這些問題。

　　學生應該要很小心地、反覆地、並從不同的角度來考慮問題的主要部分。如果題目需要圖形的輔助，就畫個圖，並在圖上標示出未知數和已知數。若需要對圖裡的物件（對象）命名，就要使用適當的符號或記號；花點心思選用合適的符號，也能使我們好好思考這些符號所代表的對象本身。在這個準備階段裡，其實我們並沒有預期一個確切的答案，所需要的只是一個猜測或暫時的答案，所以還有一個可能有用的提問：這個答案能否滿足所給的條件？

　　本書第二部裡（第 68 頁）把「了解問題」這一階段，又細分為兩個階段：「認識問題」與「進一步了解問題」。

8 例子

　　我們舉些例子，來說明前面所說的要點。我們用下面這個簡單的題目為例：**已知某長方體之長、寬、高，求對角線長度？**

　　為了要讓討論更具意義些，學生最好已經熟悉畢氏定理以及此定理在平面幾何上的一些應用，但卻不熟悉三維空間的立體幾何。老師可以從學生還不甚熟悉的空間觀念出發。

　　老師可以把問題「具體化」，讓它變得有趣些。教室正好是個長方體，它的長、寬、高都可以直接測量或估計出來，因此，學生必須找出或「間接測量」出教室的對角線長度。老師可以透過手勢或肢體語言，比劃出教室的長、寬、高，及其與對角線之間的關係，並在黑板上畫圖；視學生的反應，這個過程也許需要重複個幾次。

　　師生之間的對話，可以這麼開始：

　　「未知數是什麼？」

　　「長方體的對角線長度。」

「有哪些已知數？」

「長方體的長、寬、高。」

「請你引入適當的記號。該用什麼字母來表示未知數？」

「x。」

「你會想用哪些字母來表示長、寬、高呢？」

「a、b、c。」

「a、b、c與x之間，必須滿足什麼條件？」

「x是長方體的對角線長度，長方體的長、寬、高分別是a、b、c。」

「這個問題合理嗎？我的意思是，已知的條件足以決定未知數嗎？」

「足夠了。因為如果長、寬、高（a、b、c）已知，長方體就已知。如果長方體確定了，那麼它的對角線長度也就確定了。」

𝟗 擬定計畫

當我們知道（或至少大概知道）需要有哪些計算、演算步驟或圖形，才能求出未知數時，我們算是已經有個解題計畫了。從了解問題，到能夠產生解題計畫，可能是個漫長而崎嶇的過程。事實上，解題過程中的最主要成就，就是構思出解題計畫。解題的想法，可能是逐漸形成的，也可能是在經歷一連串的嘗試錯誤及猶豫遲疑之後，忽然靈光一閃而找到的「靈感」。老師能給學生的最大貢獻，就是不露痕跡地幫學生找到靈感。在這一節裡，我們所要討論的提問與建議，就是如何去激發出這些靈感。

為了能夠從學生的角度想事情，老師要去思索自己在解題過程中，所遭遇過的困難與成功經驗。

　　當然，我們知道，如果我們對問題所知有限，是很難產生什麼好想法的。若是對問題全然無知，則根本不可能會有任何想法產生。好的想法，是建築在過去的經驗，以及所學習過的知識之上的。單純地記憶知識，是不足以製造出好的想法的；然而，完全沒有知識，卻也無法產生任何想法。就像光只有磚頭、木材等材料，是不足以蓋好一間房子的，但是，少了這些必要的建築材料，也沒辦法蓋好房子。求解數學問題所需要的基本材料，就是課堂上正式教導的數學知識，例如正式介紹過的例題，或證明過的定理。因此，一個常見的恰當提問可以是：你知道有什麼相關的問題嗎？

　　但是，困難的地方是，有太多的問題，都和眼前待解的問題相關，也就是說，有太多的問題，和目前的問題有共同點。如何從這麼多的問題中，挑選出一個（或少數幾個）真正有用的問題，才是關鍵所在。有個建議可以幫助我們明確地找到真正的共同點：*仔細看未知數！然後試著想想，有否有什麼類似題，帶有相同或相似的未知數。*

　　如果可以想起以前解過的某個例題，非常類似目前的問題，那很幸運！我們應該好好珍惜這份幸運，好好地利用這道例題：*這是個和目前相關，而且以前已經解過的問題，你可以怎麼利用它呢？*

　　若能好好地了解並仔細考慮前述這些提問，通常都能引導出一系列有幫助的好想法；然而，它們並非萬靈丹，偶而還是無法引導出好的想法。這時候，我們必須試著由其他的角度出發，來探索問題；此時，我們需要改變、轉化或修改原本的問題。*你可以重述問題嗎？*提示表中的某些提問，就是專門用來改變問題的，例如：一般化、特殊化、利用類比、除去部分條件等等，這些細節當然很重要，但是我們現在暫時無法一一深究。對題目做些修改，可能可以

引導出一些適當的輔助問題：如果你無法解出眼前的問題，那麼先
試著解一些相關的問題。

　　試著運用不同的已知問題或定理，考慮各種可能的修改方式，
實驗各種不同的輔助問題，種種這些嘗試也許會讓我們偏離原來的
問題，甚至完全迷失方向。然而，有個很好的提問，可以幫我們找
回焦點：你是否使用了所有的已知數？你是否使用了全部的條件？

10 例子

　　再回到第8節所舉的例子。此時，學生剛剛成功地對問題
有初步的了解，也對解題產生了一些興趣。他們現在可能有些自己
的想法或初步的計畫。

　　然而，如果老師在仔細的觀察之後，仍然看不出學生有任何初
步的解題計畫，那麼他就必須要小心地重新開啟和學生之間的對
話。他必須準備去重複一些提問，而學生可能還是無法回答這些已
經稍加修改過的提問。他也必須準備好，去處理學生因為困窘而產
生的沉默（我們以刪節號「……」來表示學生的靜默）。

　　「你可知道有什麼相關的題目嗎？」

　　……

　　「仔細看未知數！有沒有什麼其他的問題，帶有相同的未知
數？」

　　……

　　「好，未知數是什麼？」

　　「長方體的對角線。」

　　「有沒有什麼類似題，帶有相同的未知數？」

　　「不知道，我們還沒有學過任何關於長方體對角線的問題。」

「有沒有任何一個問題，有類似的未知數？」

……

「給你一點提示，對角線是一條線段，線段是條直線。你從來沒有解過未知數是條直線的問題嗎？」

「當然有，我們解過一些類似的問題，例如求直角三角形的邊長。」

「很好，這就是一個和眼前相關的題目，而且你已經解過了。你可以把它運用到現在的題目上嗎？」

……

「你很幸運能記得一個以前解過的問題，而且和現在這個問題有關係。你想不想運用一下呢？可不可以想到什麼輔助元素，來讓以前這個問題變得有用呢？」

……

「看，你記得的問題裡有個三角形。那麼這個問題中的長方體裡是否也有個三角形呢？」

我們希望最後的這個提示已經足夠清楚，可以幫助學生想到，解題的關鍵想法，就是引進一個直角三角形（如右頁圖1所示），而長方體的對角線就是這個三角形的斜邊。然而，老師必須有心理準備，即使這個提示已經很明顯了，但對學生來說，可能還是不夠清楚，所以老師還需要再準備一個比一個更明顯的提示才行。譬如：

「你可以在圖中，畫出一個三角形嗎？」

「你希望圖中有什麼樣的三角形呢？」

　　「雖然你還無法解出對角線，不過你說，你可以找出一個三角形。現在你要試著找找看嗎？」

　　「你可以看得到對角線嗎？它是不是三角形的某一邊呢？」

　　不論老師幫了多少忙，當學生終於成功地體認到，圖1的直角三角形，是解題所需的關鍵輔助元素時，老師應該可以相信，在鼓勵學生實際動手計算之前，他們已經想得夠遠了。

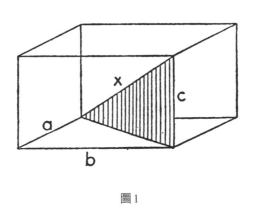

圖1

　　「我想，在圖上畫出三角形是個好想法。現在你有三角形了，那麼你有未知數嗎？」

　　「未知數是三角形的斜邊，這可以由畢氏定理算出來。」

　　「是的，如果直角三角形的兩股已知的話！可是這兩股是已知數嗎？」

　　「有一股已知，就是 c。至於另外一股，我想，它並不難求出。對了！它是另外一個直角三角形的斜邊長。」

　　「很好！現在我已經可以看到你的解題計畫了。」

11 執行計畫

　　構思出或擬定好解題計畫，不是件簡單的事。它需要許多條件的配合，例如以前學過的知識、良好的思考習慣、專注於目標的態度等，還有更重要的一件事：好運氣。相對來說，執行計畫就簡單多了，大體上，我們需要的只是耐心。

　　解題計畫只提供了大方向，而我們必須要確定的是，我們所做的一些細節工作，與這個方向是吻合的。因此，我們必須要很有耐心地、按部就班地逐步檢查，弄清楚所有的細節，直到確定沒有任何不清楚的陰暗角落，會產生錯誤爲止。

　　在學生擬定好解題計畫之後，老師會有段相對平和安靜的時間。可能發生的主要狀況，就是學生忘了他的解題計畫。這個狀況，尤其在學生是從外界（例如老師那裡）接收解題計畫時，特別容易發生。然而，如果是學生自己想出來的計畫，即使在過程中有接受部分的幫助，還是比較不容易忘記。然而，老師還是必須向學生強調：**要檢查每一個步驟。**

　　在逐步檢查解題步驟時，我們可以「憑直覺」或「採取形式推理的方式」。遇到有疑問的地方，要停下來仔細思考，直到可以很清楚地確定這個步驟正確無誤爲止；當然，我們也可以根據形式推理的法則，來解除這些疑問。（在大多數的情況下，「直覺」與「形式證明」之間的明顯差別，已經足夠表明我們的思考過程有何差異了，至於更深一層的討論，就交給哲學家去做吧。）

　　這個階段的重點是，學生要能很誠實地確定每一個步驟的正確性。在某些特別的情況，老師要強調「看得出來」與「證明」的不同：你能清楚地看得出來這個步驟是正確的嗎？你是否也可以證明出這個步驟是正確的呢？

12 例子

　　我們再繼續第 10 小節未完成的工作；此時，學生已經有解題的計畫了。他已經看出來，未知數 x 是直角三角形的斜邊長，已知的長方體高 c 是其中一股的長，而直角三角形的另一股，則是底部長方形的對角線。

　　學生應該可以引入某些適當的符號來表示，譬如選擇 y 作為另一股的長，也就是底部以 a 和 b 為邊長的長方形對角線長。如此一來，他也許可以更清楚地看出，y 是這個輔助問題的未知數。最後，從這兩個直角三角形，他也許可以得出（參考前面的圖1）：

$$x^2 = y^2 + c^2$$
$$y^2 = a^2 + b^2$$

然後，在消去輔助的未知數 y 之後，得出

$$x^2 = a^2 + b^2 + c^2$$
$$x = \sqrt{a^2 + b^2 + c^2}$$

　　在計算的過程中，老師沒什麼理由去打斷學生，唯一的可能只是提醒學生**要檢查每一個步驟**。因此，老師可能會問：「你能否清楚地看出來，以 x、y、c 為邊長的三角形，是個直角三角形？」

　　學生應該會很誠實地回答「是」，不過，如果老師繼續追問下去：「那麼，你能否**證明**，這個三角形的確是一個直角三角形？」學生應該就會覺得難以回答這個問題了。

　　因此，原則上，老師應該避免提出這個問題，除非班上大多數的學生，都已經學過立體幾何，並有相當程度的了解。不過，即使如此，如果由某個偶發問題所引來的討論，會讓班上大多數的學生

都感到困惑，那麼，老師就應該要避免讓這類的情形發生。

13 驗算與回顧

　　即使是程度不錯的學生，當他們得出解答，並清楚寫下計算過程與答案之後，大多會立刻合上書本，開始去做別的事情，如此一來，他們便錯過了在解題活動中，一個非常重要的學習機會。藉由回顧整個求解的過程，再次去驗算答案，與思考解答的過程，會讓學生有機會加深對數學知識的理解，以及培養解題能力。

　　一位好老師應該了解，也應該讓他的學生了解，對待一個問題，絕對不是得出解答就算完事了。若是對問題有足夠的研究與理解，就會知道一定還有些後續的工作可以做，譬如讓解答變得更完善，即使無法針對解答再做改善，至少也可以增進我們對某個問題的理解。

　　在進入回顧的階段時，學生已經完整地實現了他的解題計畫。他已經寫出解答過程，並仔細檢查每個步驟。因此，他應該有個好理由，來相信自己的解答是正確的。然而，錯誤總是無法輕易避免的，特別是在冗長而複雜的解答過程中。因此，驗算是不可或缺的。特別是，如果有簡潔的方法，或是可以運用直覺來檢驗答案或過程時，驗算的工作更是不可以忽略。你可以驗算答案嗎？你可以驗算過程嗎？

　　當我們希望知道某個物體的形狀，或是鑑定它的品質如何時，除了用眼睛去看之外，我們也常希望可以用手去觸摸。由於我們偏好透過兩種以上的感官來產生知覺，所以，對某個說法或結論，我們當然也希望能夠有兩種以上的證明方式：你能否用別的方式推導出相同的結果？當然，相對於冗長而複雜的論述，我們也會偏好簡

單明瞭的論證：你能否一眼就看出答案來？

　　身為老師，最重要的責任之一，就是不要讓學生有個錯誤印象，以為各個數學問題之間，彼此是沒有關聯的，或是，數學和其他事物之間沒有任何關係。

　　在回顧整個解答的過程時，我們很自然地會有機會，去探索眼前的問題與其他問題或事物之間的關聯。如果學生在解題時曾付出相當的心力，他們便會發現，回顧問題是件有趣的事，而且也會很有成就感。然後，他們會期待去探索，先前的努力還可能再達成哪些成果，或是還有哪些其他可行的辦法等等。老師此時應該鼓勵學生，去設想一些狀況，看看能否再次使用這些解答過程或結果。你能否在別的問題上，應用這個結果或方法？

14 例子

　　在第 12 節裡，學生終於得出了解答：如果已知長方體的三邊長 a、b、c，那麼它的對角線長度為

$$\sqrt{a^2 + b^2 + c^2}$$

　　你能否驗算這個結果？老師不要期待，從比較沒有經驗的學生那裡，得到一個令人滿意的答案。然而，學生應該早已經體會到，用「字母符號」（代數）來表示結果的問題，比起純然的「數值」結果，來得有用許多。因為，如果解答是以代數符號所表示的公式，那麼我們便可以用許多不同種的方法來驗算，而數值的解答則沒有這個優勢。

　　老師可以針對這個結果，從很多角度來問學生問題，每個問題，學生都可以很輕易地答以「是」；但如果他們的答案出現了

「否」的情形，則表示所得的答案可能很有問題。

「你是否使用了所有的已知數？已知數 a、b、c 是否全都出現在你的對角線公式裡？」

「長、寬、高在我們的問題裡，扮演著相同的角色；這個問題對於 a、b、c 來說是對稱的。你導出來的對角線公式，對 a、b、c 是對稱的嗎？也就是說，a、b、c 三個數互相對調時，你的式子保持不變嗎？」

「我們剛剛求解的，是一個立體幾何的問題：已知長方體的長、寬、高，試問對角線長度為何？它與平面幾何中，求解長方形對角線的問題類似：已知長方形的長與寬，試問對角線長度為何？那麼，我們從『立體』幾何問題所得出的結果，是否能類推到『平面』幾何問題的結果？」

「如果高度 c 愈變愈小，最後等於零，長方體就變成了長方形。在你所得的式子裡，如果令 $c = 0$，會不會得到長方形的對角線公式呢？」

「如果高度 c 愈變愈大，對角線當然也會跟著變長。你導出來的公式，是否也能呈現這個現象？」

「如果長方體的三個邊長 a、b、c 等比例增加，長方體也會以相同的比例放大，對角線的長度自然也會以相同的比例增長。如果分別以 $12a$、$12b$、$12c$ 來替代你公式裡的 a、b、c，對角線的長度會不會也增為 12 倍呢？」

「如果 a、b、c 是以英尺為單位，那麼對角線的長度也會是以英尺為單位。但是，如果把所有的數值，都改成以英寸為單位（1 英尺 = 12 英寸），你所導出的公式是否還成立呢？」

（最後這兩個問題，本質上是同一類的問題：請參閱第 251 頁

量綱檢驗法。）

老師提出這些問題，會產生很多很好的效果。首先，對一個願意動腦筋的學生來說，他一定會對竟然可以有這麼多的驗算方式，感到印象深刻。雖然，在先前的解題過程，他已經可以確信，自己解出來的答案是正確的，因為那是他小心逐步求解的結果。但是現在他對這個答案會更有信心，因為有許多不同的證明增強了這份信心，就像擁有許多「實驗證據」一樣。

其次，先前的這些問題，凸顯了公式中所隱含的許多意義，並串連起許多的數學知識。因此，經過這些問題之後，這個公式會讓人印象更深刻，而且也更有助於對知識的融會貫通。

最後，這些問題還可以很容易地轉移到別的題目上。在多一些類似的經驗之後，願意動腦筋的學生，可能就會體認到其中的基本通則：使用所有的相關資料（已知數、條件等）、變換一下已知數、對稱性、運用類比關係。如果學生可以養成注意這些通則的習慣，一定能大幅提升他的解題能力。

你能否檢查這個論證？ 遇到困難而又重要的解題任務時，再次逐步檢查每個論證或步驟，是很必要的；通常都不難發現有「棘手」的問題，需要再檢查一次的。在前面所舉的例子裡，有一個問題也許值得我們回過頭去討論：你能否證明，以 x、y、c 為三邊長的三角形是個直角三角形？只不過，答案還沒有解出來時，比較不建議討論這個問題（參閱第 12 節後半段）。

你能否把這個結果或方法，應用到其他的問題上？ 透過一些鼓勵，以及一、兩個例子，學生很快就可以找到一些應用；基本上，這些應用是把問題裡的抽象數學元素，**賦予具體的詮釋**。譬如說，老師自己就以教室作為具體的詮釋，來幫助學生思考問題裡的長方

體。反應稍微遲鈍的學生，也許只會把教室換成學校餐廳，一樣是計算對角線長度。如果學生沒能提出一些較有想像力的想法，老師也許可以稍微改動原來的題目，來幫助學生思考；例如：「已知長方體的長、寬、高，試求其中心點到各個頂點的距離。」

由於了解到新問題裡的未知數，是剛剛所求之對角線長度的一半，所以，學生也許會直接使用剛剛所得的**結果**；或者是沿用先前的**解題方法**，引入合適的直角三角形（對這個問題來說，第二種做法比較不容易看出來，而且在計算上也較為繁複）。

完成這個應用題之後，老師還可以針對長方體的四條對角線，以及以它的六個面為底、以中心為頂點、半對角線為側邊的六個角錐，來進行討論。當學生在幾何上的想像力，受到足夠的激發時，老師就可以再回過頭來詢問：你可以把這個結果或方法，應用到別的問題上嗎？現在，也許學生比較可能找到一些更有趣的具體詮釋（應用），例如：

「某建築物的屋頂是個長21碼，寬16碼的長方形。若想在其中心點豎一根8碼高的旗竿，我們需要用四條一樣長的繩子來固定它。每條繩子的一端，都需要綁在離旗竿頂點2碼的位置，另一端則是屋頂的四個角落。試問每條繩子的長度為何？」

學生也許會使用先前解題的**方法**，在垂直面上先引入一個直角三角形，再由水平面上引入另一個直角三角形。或是，他們會直接使用先前解題所得的**結果**，把新的題目，想像有個新的長方體，其三邊長為

$$a = 10.5 \qquad b = 8 \qquad c = 6$$

而未知的繩子長度x，正是這個長方體的對角線長。直接使用所得的

公式，$x = 14.5$。

更多的例子，請參閱<u>你能運用這個結果嗎？</u>（第103頁）。

15 不同的做法

我們還是延續先前在第8、10、12、14節中所討論的問題。擬定計畫，是解題過程中最主要的工作，關於這點，我們已在第10節裡討論過一些細節。其實，從和第10節相同的起點開始，老師也可以採用不同的方式，例如給學生底下的提問：

「你知不知道其他相關的問題？」

「你覺得這可以跟哪個題目做類比？」

「你看，這是個立體幾何問題。你能否從比較簡單的平面幾何問題中，想出一個類似題來？」

「你看，這是個三維空間的立體圖形，想要求出長方體的對角線。在平面圖形上，可能的類似題為何？是不是和求什麼的對角線有關呢？」

「長方形！」

即使學生的反應遲鈍，或資質平庸，本來根本無法有任何想法的，但在這些提問的幫助下，終究還是能貢獻出一點有用的想法來。然而，如果學生真的非常遲鈍，實在無法產生任何想法，那麼就表示這道題目出得不恰當。老師需要先有些準備工作，譬如先讓學生學會長方形的問題，然後，才能繼續以下的討論：

「這裡有個相關的問題，而且你以前解過它。現在你可以應用它嗎？」

「你可不可以想到什麼輔助元素，以便來應用這個類似題？」

最後，老師也許可以很成功地向學生建議正確的想法。其中主

要的關鍵,是讓學生領悟到,已知長方體的對角線,就是某個長方形的對角線(由長方體某兩條對邊所決定的長方形),必須在圖中畫出來,作爲輔助。這個想法的本質,與第10節裡的想法一樣,但是思考的方向不同。在第10節裡,學生的出發點,是把注意力集中在未知數上,由此去思考或回想所學過的知識;把某個以前解過的問題,重新拿來求解新的問題。這一節,則是透過「類比」的方法,來激發學生解題的想法。

16 老師提問的方法

前面的第8、10、12、14、15節,都是關於老師提問方法的討論。老師提問的方法,主要是從提示表中,以較具一般性的提問或建議開始,然後,視情況而定,逐漸採用比較特殊而具體的提問或建議,直到可以碰觸到學生的心裡,讓他們產生想法爲止。如果還有需要幫助學生進一步運用他們的想法,不妨從頭再來一次,從提示表中的一般性提問或建議開始,必要的時候,可以回到某個較特殊的提問;若有必要,就再重複這個過程。

當然,我們所準備的提示表,只是個初步嘗試,雖然對大多數較簡單的問題來說,似乎已經足夠,但絕對不是完美無缺了。值得強調的是,我們給學生的建議或提示,一定從簡單、自然,並具一般性的建議開始,所以,提示表本身也就不應該太長。

若想要能**不露痕跡**地幫助學生,老師所給的提示與建議就必須要簡單而自然。

如果目的是希望培養學生的**解題能力**,而不只是教會某個**解題技巧**,那麼,老師所給的提示與建議就必須具有一般性,不僅能適用於眼前的問題,對其他各種各樣的問題,也都可適用。

　　這張提示表必須要簡短，才可能在各種不同的情況下，自然地反覆提問；如此，學生才有機會理解這些提問與建議，進而培養出良好的**思考習慣**。

　　老師所給的提示與建議，若能注意逐步從一般到特殊，而不是跳得太快，那麼學生就可以獲得夠充分的**參與感**。

　　老師提問的方法，不能一成不變。在這類關乎思考的事情上，任何硬性、機械式的程序，都是不好的。我們所用的方法，要允許某種程度的彈性與變化，也要容許從不同的方式或角度來解決問題（第15小節）。老師所給的這些提問與建議，可以是、也應該是**學生自己也能想得出來的**。

　　如果有讀者希望在他的課堂裡，嘗試我們在這裡所建議的方法，當然，這需要某種程度的小心才行。他需要先仔細地了解我們在第8節裡，以及稍後在第18、19與20節裡所給的例題。然後，針對他所希望討論的例題，妥善地準備，設想各種不同的思考途徑。他應該先進行小幅的嘗試，看看自己對這個方法掌握得如何？學生的適應程度如何？以及要花多少時間？

17 好的提問與壞的提問

　　好好了解先前各節中的提問方式，將有助於判斷或比較某個建議能對學生產生多少幫助。

　　讓我們回到第10節剛開始的情境。倘若我們求好心切，一心想幫助學生，我們問學生的問題也許就不是：你可知道有什麼相關的題目嗎？而會變成：你能不能把畢氏定理用在這個問題上呢？

　　這個用意可能非常好，但是提的問題卻很糟糕。我們必須弄明白是在什麼情形下提問的，然後就能看出一大堆反對這種「幫助」

的理由：

(1) 除非這位學生已經快要得出答案了，他或許可以了解這個提問的意思，否則，他根本就不會懂這個提問的涵義。因此，在學生最需要幫助的時候，這個提問並沒有幫上忙。

(2) 假設他能懂得這個提問所隱含的建議，那麼就等於全盤托出解題的秘密，沒有給學生留下什麼思考空間了。

(3) 這個建議給得太狹隘了。即使學生可以用來解決眼前的問題，卻對將來的問題沒有幫助。所以這個提問本身沒有教育性。

(4) 即使學生能夠了解這個建議本身，卻很難了解老師是怎麼產生這個想法的。而且，就學生而言，他也絕對很難自發地產生這個想法。結果就像是個很不自然的驚喜，好像兔子從魔術師的帽子裡變出來那樣，真是沒有教育意義。

不過，對於第 10 節或第 15 節描述的對話過程，以上這些反對理由都不存在。

更多的例子

18 作圖題

在一已知三角形內部，作一內接正方形，使其中的兩個頂點位於三角形的底，另兩個頂點則分別位於三角形的兩邊上。

「未知數是什麼？」

「一個正方形」

「已知數有哪些？」

「只有一個三角形，就沒有其他的了。」

「有些什麼條件？」

「正方形的四個頂點，必須位在三角形的邊上；兩個在三角形的底邊，另兩個分別在另外兩邊。」

「這個條件可以成立嗎？」

「我想可以吧！可是，我不太確定。」

「你好像覺得這個問題有點難？如果你不知道怎麼解這個問題，不妨從相關的問題開始找線索。你能不能從滿足部分條件開始著手？」

「滿足部分條件是什麼意思？」

「你看，條件的要求是關於正方形的頂點。一個正方形有幾個頂點呢？」

「四個。」

「如果只考慮部分條件的話，就不需要把四個頂點全部考慮進去。只考慮某部分的條件，而完全忽略其他的條件。哪部分的條件最容易成立？」

「要讓兩個頂點位在三角形的底邊並不難，再讓第三個頂點位在某一邊，也不是太難。」

「畫個圖看看！」

此時，學生畫了圖2。

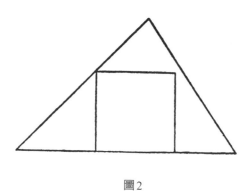

圖2

「你只考慮了某部分條件,而忽略了其他部分。這個答案與未知數相差多遠?」

「只有三個頂點,實在沒辦法確定正方形的大小。可以有很多個正方形。」

「很好!把圖畫出來看看。」

學生畫了圖3。

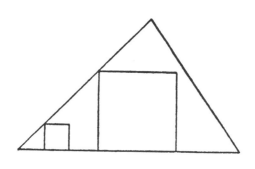

圖3

「如你剛剛所說，只用部分條件，沒辦法確定正方形大小。你可以怎麼調整呢？」

……

「這個正方形，已經有三個頂點在三角形的邊上了，但第四個頂點還沒有。就你自己剛剛說的，正方形的大小還沒辦法確定；同樣地，也就是第四個頂點還辦法確定。你可以做什麼修正呢？」

……

「試試看，做點實驗吧！用你剛剛的方式，多畫幾個類似的正方形，讓三個頂點位在邊上，有大的，也有小的。看看這第四個頂點的軌跡會是什麼形狀？你可以做什麼調整呢？」

此時，答案已經是呼之欲出了。如果學生可以猜得出這軌跡是條直線，就大功告成了。

19 證明題

兩角在兩個不同的平面上，對應邊互相平行，而且張角的方向相同。試證明兩角大小相等。

我們將要證明的是一個立體幾何的基本定理。對於已經學過平面幾何，以及具備基本立體幾何知識的同學，可以嘗試這個問題。（這個定理是歐幾里得《幾何原本》第十一卷的命題10。）

先前從提示表中摘錄出來的提問或建議，都以「楷體字」來表示，這些提示適用於大部分的「求解題」（計算題或應用問題）；底下以「楷體字」表示的提問或建議，則是針對「證明題」的求證過程而提出來的。進一步的討論，請參閱求解題與證明題的第 5、6 點討論（第 200–201 頁）。

「假設是什麼？」

「兩角分別位於不同的兩個平面。一角的兩邊與另一角的對應邊互相平行，張角的方向相同。」

「結論是什麼？」

「兩個角度的大小相等。」

「請你畫個圖，並選用合適的符號。」

學生畫出了圖4的圖，並在老師（或多或少）的協助下，選用了圖中的符號。

「假設是什麼？請用你自己的符號說一遍。」

「和 A、B、C 三點共平面一樣，A'、B'、C' 在另一平面上。$AB \parallel A'B'$，$AC \parallel A'C'$。還有，AB 與 $A'B'$ 同方向，而 AC 與 $A'C'$ 同方向。」

「結論是什麼？」

「$\angle BAC = \angle B'A'C'$。」

「注意看結論！試著想想有什麼相同或相似的定理。」

「若兩三角形全等，則對應角相等。」

「非常好！這個定理不僅和現在的問題相關，而且你以前已經證明過了。你能把它應用到這裡嗎？」

「我想應該可以吧，可是還不怎麼確定。」

「在能應用這個定理之前，是不是應該先導入什麼輔助元素？」

……

「你剛剛說了一個很好的定理，關於兩個全等三角形的定理。你畫的圖裡，有沒有三角形呢？」

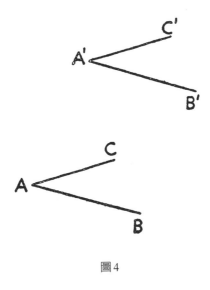

圖4

「沒有，可是我很快就可以畫出來。只要把 B 連到 C，以及把 B' 連到 C' 就可以了。現在有了 $\triangle ABC$ 與 $\triangle A'B'C'$。」

「很好！那麼這兩個三角形有什麼用呢？」

「用來證明 $\angle BAC = \angle B'A'C'$。」

「好！如果你想證明這點，需要哪一種三角形呢？」

「當然是全等三角形。對，我可以選 B、C 和 B'、C'，使得 $AB = A'B'$，$AC = A'C'$。」

「非常好！哪你現在想證明什麼？」

「我想證明這兩個三角形全等，也就是，

$$\triangle ABC = \triangle A'B'C'$$

如果我可以證明出這點，$\angle BAC = \angle B'A'C'$ 也就自然得證了。」

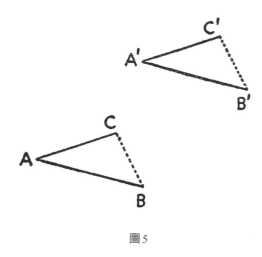

圖5

「可以！你現在有了新目標，要把注意力放在新的結論上。注意
盯著結論！想一想有什麼相同或相似的定理。」

「兩個三角形全等的條件——如果三個對應邊的邊長都相等，也
就是SSS全等。」

「非常好！你選了個不錯的定理。現在，你不僅有一個和現在問
題相關的定理，而且你以前已經證明過了。你能把它應用到這裡
嗎？」

「如果我能證明出 $BC = B'C'$，它就派得上用場了。」

「沒錯！那你現在的目標變成什麼？」

「要證明 $BC = B'C'$。」

「想想有什麼相同或相似的定理。」

「是的，我知道有個定理，忘記它的條件講了什麼，不過結論是
『則兩線段相等』，可是看起來在這裡不適用。」

「是不是應該先導入什麼輔助元素，才能應用這個定理？」

……

「你看，如果 BC 與 $B'C'$ 之間，沒有任何關係，你要怎麼證明這兩條線段相等呢？」

……

「你用了假設了嗎？假設是什麼？」

「我們假設 $AB \mathbin{/\!/} A'B'$ 以及 $AC \mathbin{/\!/} A'C'$。對，當然，我一定得用上這個假設才行。」

「你使用了全部的假設嗎？你說 $AB \mathbin{/\!/} A'B'$。這就是關於這兩條線的所有訊息嗎？」

「不是！可以由作圖，讓線段 AB 等於 $A'B'$。它們不僅平行，而且等長。$AC \mathbin{/\!/} A'C'$ 也是同樣的情形。」

「兩條等長而平行的線段——很好！你以前看過類似的圖形嗎？」

「當然有！就是平行四邊形啊！我只要把 A 連到 A'、B 連到 B'，還有 C 連到 C' 就對了。」

「這個想法不錯。你的圖形裡，現在有幾個平行四邊形呢？」

「兩個。不！三個。不！兩個。我的意思是，只有兩個可以立刻證明出它們是平行四邊形。第三個好像是；我希望我可以證明它是。那麼問題就得證了。」

從這些對話，尤其是學生的答案，可以推測出這位同學的程度不錯。聽到他最後的想法時，對他的程度，就更加沒有疑問了。

他可以猜測出數學的結果，而且還能區別**證明**與**猜想**的不同。他也知道猜測只是粗略的。可以想見，他的確已經從數學課裡學到實際的解題經驗，這讓他可以產生並運用好的想法。

20 速率問題

水以流速 r 流進一個圓錐狀的容器中。如圖 6，容器底面是個水平的正圓形，半徑為 a，圓錐頂點朝下，高度為 b。試求，當水深為 y 時，水面上升的速率為何？若 $a = 4$ 英尺，$b = 3$ 英尺，流速 $r = 2$ 立方英尺／分鐘，而 $y = 1$ 英尺，試問水面上升的速率為何？

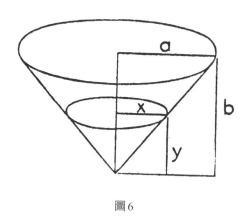

圖 6

這道題目是假設學生已經學過最簡單的微分法則，並知道「變化率（或變率）」的概念。

「已知數是什麼？」

「圓錐底面的半徑 $a = 4$ 英尺，圓錐高度 $b = 3$ 英尺，水以每分鐘 2 立方英尺的速率流入容器中，以及水在某一瞬間的高度 $y = 1$ 英尺。」

「沒錯。不過，以題目的敘述方式，似乎是希望你暫時先不要考慮數值的部分，而是以代數的計算方式，把未知數用 a、b、r、y 等符號來表示。等到求出代數式子之後，再把這些已知的數值帶進

去。我想我們應該遵守這個建議。現在我要問你，未知數是什麼？」

「當水的深度為 y 時，水面上升的變率。」

「這代表什麼意思？你可以換個說法嗎？」

「水深變化的增加率。」

「這代表什麼意思？你可不可再換個方式說說看？」

「水的深度的變化率。」

「沒錯！就是 y 的變化率。但是，變化率是什麼？回到定義想想看。」

「某個函數的變化率，就是它的導數。」

「是的。那 y 是個函數嗎？如同我們先前所說的，先不管 y 的數值為何。你可以想像 y 是個變數嗎？」

「可以，因為 y 是水的深度，它會隨著時間增加。」

「那麼，y 是什麼的函數呢？」

「時間 t 的函數。」

「很好。現在請你引入一些合適的符號。你會怎麼用數學符號來表示『y 的變化率』呢？」

「$\dfrac{dy}{dt}$。」

「很好！所以，這就是你的未知數。你要想辦法用 a、b、r、y 來表示它。此外，這四個量中，有一個也是『變化率』，是哪一個呢？」

「r 是水流進容器的速率。」

「這代表是什麼意思？你可以換個方式說說看嗎？」

「r 是容器內，水的體積的變化率。」

「這代表是什麼意思？你可不可以再換個方式說說看？要如何用

合適的數學符號表示呢？」

「$r = \dfrac{dV}{dt}$。」

「V是什麼？」

「在某時刻t，容器內的水的體積。」

「非常好！所以，現在你得用a、b、$\dfrac{dV}{dt}$、y來表示$\dfrac{dy}{dt}$。你想怎麼做呢？」

……

「如果你不能解出眼前的這個問題，可以試著從相關的問題先開始。如果你還沒看出來$\dfrac{dy}{dt}$和已知數之間的關係，試著先從比較簡單的關係開始，好像找個墊腳石一樣。」

……

「還是找不出任何關係嗎？譬如說，y和V是兩個彼此獨立無關的變數嗎？」

「不是，當y增加時，V也會跟著增加。」

「所以囉，這不就是一個關係了嗎？但這是個什麼關係呢？」

「我想想，水的體積V，就相當於一個高度是y的圓錐的體積。不過，我不知道這個圓錐底面的半徑。」

「但是你還是可以考慮看看，幫它取個符號，就叫x吧！」

「$V = \dfrac{\pi x^2 y}{3}$。」

「非常正確。現在來看看x。它和y獨立無關嗎？」

「不是。當水的深度y增加時，水面的半徑x也會跟著增加。」

「所以，我們又發現了一個關係。但這是個什麼關係呢？」

「喔，對了！相似三角形！

$$x : y = a : b$$

「不錯，你又找到一個新的關係了。一定要好好把它派上用場才行。不過，別忘了，你希望找的是 V 與 y 之間的關係。」

「我已經找到了

$$x = \frac{ay}{b}$$

$$V = \frac{\pi a^2 y^3}{3b^2}$$

「非常好！看起來，我們好像已經找到墊腳石了，不是嗎？不過，你可別忘了你的目標。未知數是什麼？」

「就是 $\dfrac{dy}{dt}$ 。」

「你應該找出 $\dfrac{dy}{dt}$ 、 $\dfrac{dV}{dt}$ 和其他變數之間的關係。現在你已經有一個 y 、 V 和其他變數的關係，接下來該怎麼辦呢？」

「當然是微分囉！

$$\frac{dV}{dt} = \frac{\pi a^2 y^2}{b^2} \frac{dy}{dt}$$

沒錯，答案就是它了！」

「很好！現在可以把數值帶進去看看了。」

「如果 $a = 4$ ， $b = 3$ ， $\dfrac{dV}{dt} = r = 2$ ， $y = 1$ ，那麼

$$2 = \frac{\pi \times 16 \times 1}{9} \frac{dy}{dt}$$

第二部
怎樣解題：一段對話

認識問題

我應該從何著手？

　　從問題的敘述開始。

我應該怎麼做？

　　盡可能清晰而明確地從整體去了解問題。此刻，還暫時不需要太擔心細節。

這樣做有什麼好處？

　　你應該可以了解問題、熟悉問題，並且明確地知道問題的目的為何。專注於問題，也許還能活絡你的記憶，並有助於相關資料的收集。

進一步了解問題

我應該從何著手？

　　還是從問題的敘述開始。從你最熟悉、最有印象的部分開始；即使你一時沒看到，也不怕忘記的部分，就是你該先著手的部分。

我應該怎麼做？

　　把問題的主要部分獨立出來。假設與結論是「證明題」的主要部分；未知數、已知數和條件則是「求解題」的主要部分。一個接著一個地考慮這些主要部分，並用不同的組合方式來考慮，然後思考各個細節之間的關係，以及細節與整體之間的關聯。

這樣做有什麼好處？

　　可以大致掌握解題的重點。

尋找有用的好想法

我應該從何著手？

　　從考慮問題的主要部分開始。由於先前的努力，或是已經回憶起一些東西，你會感覺到問題中的某些主要部分，變得很清楚，不妨從這裡開始著手。

我應該怎麼做？

　　從各個不同的角度來考慮眼前的問題，也可以從以前學過的相關知識裡找線索。

　　從各個不同的角度來考慮問題。著重在不同的部分，檢驗不同的細節，以不同的方法反覆檢驗相同的細節，把細節做不同的組合，從不同的角度切入等等。試著看看每個細節裡，是否蘊含新的意義，可否對問題做出不同的詮釋。

　　從以前學過的相關知識裡找線索。試著思考，在以前類似的情況裡，有什麼東西幫助過你？在你檢驗細節的過程中，試著找出熟悉的東西，並從熟悉的東西裡，找找看什麼是有用的。

我會找到什麼呢？

　　一個有用的想法，或者是一個關鍵的想法，可以讓你一眼就看出整個解答的過程。

這個想法有什麼用處？

　　可以指引你整個或部分的解題方向；多少可以明確地建議你下一步該怎麼做。一個想法或點子，或多或少是完整的。所以，不論有什麼想法產生，都是件幸運的事。

如果我的想法不完整，該怎麼辦呢？

　　再仔細思考一下。如果你的想法看起來似乎有用，就要考慮久一點；如果它看起來很可行，就評估它到底可行到什麼程度，並重新思索目前的狀況。由於已經有了有用的想法，現在的狀況已經不同了。從不同的角度來考量這個新的狀況，並從以前學過的相關知識裡找線索。

為什麼要再重新做一次這些動作呢？

　　幸運的話，也許能產生另一個想法或點子。也許你的下一個想法，就會帶你走上正確的方向；也許你還需要多找出幾個有用的想法；也許某個想法會讓你誤入歧途等等。然而，只要有新的想法產生，你都應該要覺得高興才是，就算只是個小想法、模糊的想法，或是讓模糊的想法變得稍微明確些的輔助想法，甚至只是修正某個不太正確的想法。即使一時之間，無法產生什麼好想法，但是如果你對問題有了更完整、更有條理、方向更一致或明確的理解，那麼都是件值得高興的事。

執行計畫

我應該從何著手？

從那個會讓你找到解答的幸運想法開始；此時，你應該覺得已經掌握了問題的主要關鍵，也對所需的一些次要細節有足夠的自信了。

我應該怎麼做？

穩紮穩打。把你先前認為可行的想法，不論是代數計算，或是幾何論證，都要一步一步地寫出來。不論是靠推理或猜想，或是兩者，務必要確定每個步驟都是正確無誤的。如果是很複雜的問題，你可以再區分出「大」步驟與「小」步驟；每個步驟都由更小的步驟組成。先確定大步驟正確無誤，再逐次檢驗小步驟的正確性。

這樣做有什麼好處？

可以確保解答的每一個步驟都是正確無誤的。

回 顧

我應該從何著手？

從這個完整而正確的解答開始。

我應該怎麼做？

從不同的角度來考慮這個解答，並看看它和以前所學過的知識，有什麼關聯。

　　重新思索解答的細節，盡量簡化它；重新審視過程中繁瑣冗長的部分，看看能否再精簡一些；試試看能否一眼就了解整個解答過程。試著在解答中，從比較大或比較小的部分，開始稍加修飾；試著進一步改善解答，讓它更符合直覺，或是讓它更自然地融入到以前所學過的知識體系裡。重新審視你求解的方法，找出它的意義，讓它可以應用到別的問題上。對所得出來的結果，也要重新審視一番，並嘗試把它應用到別的問題上。

這樣做有什麼好處？

　　你也許會發現一個更新、更好的解答，或是其他新的、有趣的事情。如果養成了重新審視與檢核解答的習慣，你從中獲得的知識將會更有條理，也更能在解決別的問題時派上用場；更重要的是，你的解題功力會持續地更上層樓。

第三部
啓發法小辭典

How To Solve It

A New Aspect of Mathematical Method

類 比

類比（analogy，或作類推）是指某種「相似性」。彼此相似的物體，是指兩者從某個方面來看具有一致性；可以彼此用來類比的事物，是指彼此對應部分的**某些關聯是一致的**。

1 長方體可以用長方形來做類比。事實上，長方形各邊之間的關係，類似於長方體各面之間的關係：

長方形的一個邊，只與某一邊平行，而與另外兩邊垂直。

長方體的某個面，也是只和某一面平行，而和其他所有的面垂直。

如果我們同意把長方形的各個邊以及長方體的各個面都稱爲「邊界元素」，那麼，我們就可以把剛剛的這兩個敘述，合併成一個：

每個邊界元素，都只有某一個邊界元素與之平行，而垂直於其他所有的邊界元素。

如此一來，在我們所考慮的兩個系統裡（長方形的邊與長方體的面），我們就表達出二者之間的共通關係了。這兩個系統之間的類比性，就由這些共通關係所組成。

2 不論是思考、日常生活的對話，或只是簡單下個推論、使用優美的辭藻，甚至在深奧的科學理論或科學模型中，處處都用得到類比或類推。類比有很多不同的層次。人們大都只運用一些含糊不清、不明確、不完整、或不很明確的類比思考，然而，類比有時

是可以達到數學上的精確程度的。任何程度的類比思考，都有助於發現解答，所以都不應該忽略。

3 在解題時，如果我們可以發現一個**比較簡單的類比問題**，那可真是件幸運的事。在第15節裡，我們原本的問題，是要找出長方體對角線的長度；但是我們先考慮了長方形的對角線長度，而由這個比較簡單的類比問題出發，讓我們得以求出解答。現在，我們再舉一個運用這個方法來解題的例子：

試求一個正四面體的重心。

在不懂積分學、也沒有太多物理知識的情況下，這個問題並不容易；然而在阿基米德或伽利略的時代，這確實是個重要的科學問題。因此，在先備知識有限的情況下，如果我們想要解這道問題，就需要從一個比較簡單的類比問題著手。在平面幾何學裡，相對應的問題很顯然是：

試求一個正三角形的重心。

現在，我們不只有一個問題，而是有兩個問題。然而，同時有兩個問題，可能比單單只有一個問題來得容易些——如果我們可以適當地把這兩個問題連接起來。

4 先讓我們暫時拋開正四面體的問題，而把注意力集中在比較簡單的類比問題上（正三角形問題）。要求解這個問題，我們得先有一些關於**重心**的知識。底下這個原理，有點不證自明的味道，我們先暫且接受它：

某系統 S 由許多部分所組成，若每個部分的重心都位於某平面，則整個系統 S 的重心也會位於該平面上。

就三角形的問題而言，這個原理便已經足夠。首先，它已假設了三角形的重心，會位在三角形的平面上。其次，如圖 7 所示，我們可以想像三角形是由很多平行於 AB 邊的薄片（細長條形、「無限薄」的平行四邊形）所組成。很顯然，每一個平行四邊形薄片的重心，就是 AB 的中點；而所有這些中點的連線，就位在頂點 C 與邊 AB 中點 M 的連線（稱為**中線**，median）。

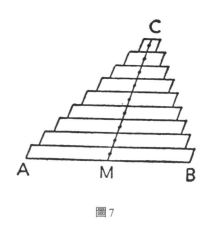

圖 7

若某平面通過中線 CM，則它必然包含了組成這個三角形所有平行薄片的重心。因此，我們可以得出一個結論：三角形的重心必然位於這條中線上。然而，重心也必須位於另外兩條中線上；也就是說，它必須是**三條中線的交點**。

現在暫時先忽略實際的物理力學問題（例如三角形的密度或材質等），純就幾何學的觀點來看，我們會希望能證明出，三條中線的確會相交於同一點（共點）。

5 解決了三角形問題之後，四面體的問題就簡單多了。現在，我們已經解決了一個類比問題，這讓我們有了**一個可以遵循的模式或範例**。

在解先前類比問題的過程中，我們把三角形 *ABC* 看成是由很多平行於邊 *AB* 的薄片所組成。現在，依照相同的模式，我們把四面體 *ABCD* 看成是由很多平行於邊 *AB* 的薄片。

這些組成三角形的薄片中點，全部位於三角形的中線上，也就是頂點 *C* 和邊 *AB* 中點 *M* 的連線。一樣的道理，組成四邊形的薄片中點，也會位在同一個平面上，也就是通過 *AB* 的中點 *M* 和對邊 *CD* 的平面（如圖 8 所示）；我們可以把平面 *MCD* 稱為四面體的**中平面**（median plane）。

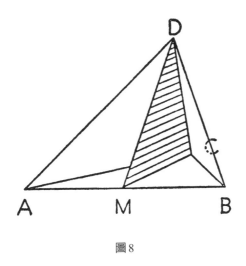

圖 8

在三角形的問題裡，我們有三條類似 *MC* 的中線，每一條中線都包含了三角形的重心。因此，這三條中線必定會相交於一點，而這

一點這正是重心所在。在正四面體的問題裡，我們有六個跟 MCD 一樣的中平面，也就是通過某一邊中點與其對邊的平面，其中的每一個平面都包含了四面體的重心。因此，這六個中平面，也必定會精準地相交於一點，這就是四面體的重心。

所以，我們可以說已經解決了正四面體的重心問題。然而，若要讓解答更完整，最好可以純就幾何學的觀點（忽略正四面體的物理組成等問題），來證明這六個中平面，的確會相交於同一點。

解決了正三角形的重心問題時，我們發現，如果能夠證明出三條中線的確相交於同一點，會讓我們的解答更完整。這可以類比於六個中平面共點的問題，只不過在視覺上容易想像了許多。

針對正四面體的情形，我們可以再一次地採用正三角形來做類比（在此我們可以假設正三角形三中線共點的問題已經解決了）。此時，考慮通過頂點 D，以及 DA、DB、DC 等三邊的三個中平面，這裡的每一個中平面，都會通過對邊的中點（以圖 8 爲例，通過邊 DC 的中平面，也通過邊 AB 的中點 M）。

現在，這三個中平面，與底面的 $\triangle ABC$ 相交所得的三條線，正是這個三角形的三條中線。這三條中線會相交於同一點（我們假設這個較簡單的類比問題已經解決了），這個交點，與 D 一樣，都是這三個中平面共同交會的點。那麼，連接這兩個交點的直線，也必然是這三個中平面所共有的線。

到目前爲止，我們已經證明了這六個中平面裡，通過頂點 D 的三個面有一條共線。這對通過頂點 A 的三個中平面也會成立。同理，對通過頂點 B 的三個中平面，以及通過頂點 C 的三個中平面，也

都會成立。把這些事實，適當地串連起來，我們也許能證明出這六個中平面相交於共同一點。

（通過 $\triangle ABC$ 三邊的三個中平面，決定了一個共同的交點，這三個中平面在三角形所交出來的三條中線，就相交於同一個交點。而由我們剛剛所證明的，每一條交線，都不只有一個中平面通過。）

7 在前面的第 5 與第 6 點，我們利用類比（類似題），從較簡單的三角形問題，來考慮四面體的問題。然而，這兩個討論之間，有個很重要的差異。

在第 5 點，我們是把類比問題的求解**方法**，逐步地模仿、套用到求解複雜的問題上；而在第 6 點，我們則是運用類比問題中所得的**結果**，來解較複雜的問題，而不去在意這個結果是怎麼得出來的。不過有時候，我們也可以同時使用類比問題中的**方法和結果**，雖然我們在前述的例子裡，把它們拆成兩個似乎不同的部分。

剛剛的正四面體問題，是個典型的例子。在解題時，我們往往可以應用一個較簡單的類比問題解法，或是它的結果，或是兩者同時使用。當然，在比較困難的問題裡，有很多複雜的狀況，並沒有在我們所舉的例子裡出現。特別是，有些類比問題的解，有時無法直接派上用場，此時，就需要再次考慮這個解，看看要怎麼修改，或嘗試多種不同的形式，直到我們找到派得上用場的解為止。

8 我們都會希望能預知結果，或至少，在某個合理的程度下，可以預測出大概的結果。能作這種合理的預測，通常都是以類比作為基礎。

　　因此，我們也許該知道，正三角形的重心，和它三個頂點的重心（也就相當於把三個質量相同的物體，分別置於三角形三個頂點的位置），會位於相同的位置。知道這一點，我們也許可以猜測出，正四面體的重心，也會和它的四個頂點的重心位置一致。

　　這個臆測是一種「類比推理」。由於已知三角形和正四面體在很多方面都很相似，所以我們據此推測，還可以再多找出一個相似點。然而，如果你認為這個看似合理的推測，就一定是百分之百正確，那麼這顯然是個愚蠢的想法；當然，如果你完全捨棄這種合理的猜測或推論，那麼也同樣愚蠢，而且可能還更愚蠢些。

　　最常見的結論，似乎都是經由類比推理而得到的。類比推理可能是最基本的思維方式之一，它提供了或多或少的合理臆測，在經驗或嚴格的推理檢驗之後，這個臆測可能正確，也可能錯誤。化學家在研發藥品時，往往會先拿動物做實驗，然後透過類比推理來下結論，預測藥品在人體上的反應。我所認識的一位小朋友，也是這麼想事情的。有一天，他的小狗病了，需要去找獸醫治療，然後他問我說：「獸醫是什麼？」

　　我說：「就是動物的醫生。」

　　他又問：「動物的醫生是哪一種動物？」

9 從多數的類似情形中得出來的類比結論，會比只從少數情形得出來的結論，來得正確有力。不過，類比推理還是重「質」不重「量」的。清晰明確的類比，比含混模糊的相似條件，來得重要許多；有條理、有系統地組織相似的案例，比零星收集的案例，能推導出更有份量的結論。

在第8點，我們提出了關於正四面體重心的推論。類比思考支持了這個推論；四面體可以用三角形來做類比。我們可以藉由更多的類比案例，來強化這個推論；例如用密度均勻的棒子。

從很多方面來看，在

線段　　　三角形　　　四面體

的類比關係裡，存在很多的類比性質。線段是最簡單的一維圖形，三角形是最簡單的多邊形，而四面體則是最簡單的多面體。

線段有2個零維的邊界元素（2個端點），內部則是一維的。

三角形有3個零維的邊界元素（3個端點），以及3個一維的邊界元素（3個線段），內部則是二維的。

四面體有4個零維、6個一維、4個二維的邊界元素（4個端點、6個邊界、4個平面），內部則是三維的。

我們可以把這些數字列表。第一欄是零維的邊界元素數目，然後依次是一維、二維、三維的邊界元素數目。從第一列起，依次是線段、三角形與四面體的情形：

$$2 \quad 1$$
$$3 \quad 3 \quad 1$$
$$4 \quad 6 \quad 4 \quad 1$$

稍微學過二項式乘冪的讀者，應該很快就可以看出來，表格中的數字就是巴斯卡三角形（Pascal's triangle）的一部分。換句話說，我們發現了存在於線段、三角形與四面體之間一個很重要的規律。

10 如果可以體會到，在我們所比較的物體之間，彼此存有很密切的關聯，那麼，對底下要描述的「類比推理法」，我們將更能了解它的價值。

均勻線段（或棒子）的重心，與它兩個端點（或有兩個質點分別位於兩端點的系統）的重心一致；均勻三角形的重心，與它三個頂點的重心一致。對均勻的四面體而言，難道我們不會很直覺地認為，它的重心與其四個頂點的重心，位於相同的位置嗎？

同理，均勻線段的重心，把它與兩端點的距離，按比例 1：1 分隔開來；三角形的重心，把它的中線（頂點與對邊中點的連線）按 2：1 分隔。如果繼續類推下去，正四面體的重心難道不會按 3：1 的比例，來分隔頂點到對面三角形重心的連線？

這些臆測，似乎不太可能會是錯的，否則這些優美的規律就會消失了。數學與其他科學上的許多發現，是因為人們相信萬物呈現和諧而簡潔的秩序，誠如拉丁文格言所說的：簡單是眞理的保證（simplex sigillum veri）。

　　*先前的討論，看起來可以推廣到 n 維。在前三維 $n = 1$、2、3 都成立的情形下，很難想像當維度 n 增加時，這個關係會突然出錯。這個臆測是一種「歸納推理」；從我們的討論，也可以清楚地看出，歸納的本質在於類比。進一步討論請參閱歸納與數學歸納法（第 157 頁）。

*11

在結束這一小節之前，我們要摘要地討論一些重要的情形，看看如何運用類比，得出精確的數學想法。

　　(I) 兩個相關聯的數學系統，例如 S 與 S'，組成系統 S 的元素之間存有某些關係，而系統 S' 裡的元素也遵循相同的規則。

　　我們先前在第 1 點所討論的例子，正好就是 S 與 S' 之間的這種類比關係：我們令 S 是長方形的邊，而 S' 為長方體的面。

　　(II) 兩系統 S 與 S' 的元素之間，彼此有一對一的對應關係。也就是說，某一系統內的元素之間，如果存在一種關係，那麼另一系統內對應的元素之間，也存在有相同的關係。存在於兩系統之間的這種關聯，是一種很精確的類比；稱為同構（isomorphism）。

　　(III) 兩系統 S 與 S' 的元素之間，存有一對多的對應關係。這種類比關係稱為同態（homomorphism）。這在高等數學裡，特別是在群論（Theory of Group）中，占有很重要的角色，但我們在這裡無法作進一步的討論。同態是另一種非常精確的類比關係。

用 * 號標示的段落，為比較專門、比較技術性的討論。

輔助元素

　　當解題工作完成之後，我們對題目的認知，與解題之初相比，會有更多的想法（請參閱第202頁進展與成就的第1點）。隨著解題工作的進展，逐漸會有一些新的點子或觀念出現。我們期望，隨著這些新想法的引進，能有助於解題工作的進行；這些想法或點子就稱為**輔助元素**。

1 輔助元素有很多種。在解幾何問題時，我們常常需要引進一些新的直線，也就是所謂的**輔助線**。在解代數問題時，則需要引進**輔助未知數**（請參閱第89頁輔助問題的第1點）。此外，在解題的過程中，我們也許需要先證明某個定理，才能對原有的問題有幫助；這個定理就是**輔助定理**。

2 需要引進輔助元素的理由很多。解題時，如果能夠回想起一個曾經解過而且和目前相關的問題，當然是件值得高興的事。這個問題很可能有用，然而，我們卻不知道該怎麼用。以幾何問題為例，在我們以前所解過的問題裡，有個三角形，然而，眼前問題的圖形裡，卻沒有出現三角形，因此，若希望先前的問題派得上用場，就需要引進一些輔助線。一般說來，若希望可以使用以前所解過的問題，我們通常會問：我們需要引進什麼輔助元素，才能讓以前解過的問題派得上用場？（第一部第10節的例題是個典型的應用。）

　　回到定義，是引進輔助元素的另一個機會。譬如說，在定義一個圓的時候，我們不應該只有說到或想到圓心和半徑而已，還應該要把它畫進圖形裡。若不這麼做，我們無法有個明確的定義；光說不「畫」，只是逞口舌之能而已。

　　嘗試利用已知的結果，以及回到定義，是兩個引進輔助元素最重要的理由，但卻不是唯二的兩個。雖然，我們並不真的知道該從何著手，但是引進輔助元素的同時，可以讓我們對題目的了解更完整，產生更多聯想，或是更熟悉問題。一個好的關鍵想法，往往就在我們試著東加一個輔助元素、西加一個輔助元素的時候，自然地冒了出來。

　　值得提醒的是，在引進輔助元素的時候，你心裡要有個理由；不要只是為了加入輔助元素而加入輔助元素。

3 作圖題範例：**已知三角形中某角的角度、此角頂點到對邊的高，以及三角形的周長。試作此三角形。**

　　我們要先引進合適的符號。令此角大小為 α，頂點為 A，高為 h，周長為 p。我們先畫個圖，α 與 h 這兩個條件，很容易就可以畫在裡面。是不是所有的已知數都用到了？還沒。周長 p 還沒有用上。所以，我們還要把 p 也包含進圖裡才行。可是該怎麼做呢？

　　有幾種不同的方法可以試試看。次頁的圖 9 和圖 10，是兩個不怎麼聰明的嘗試。想想為什麼這兩個圖看起來會這麼奇怪？缺乏對稱性，是一個重要的因素。

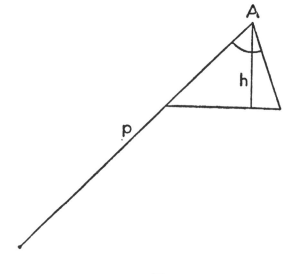

圖 9

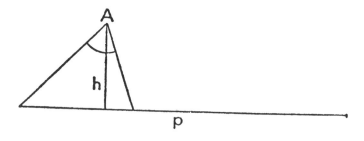

圖 10

事實上，題目中的三角形有三個未知數，就是它的三邊 a、b、c。我們習慣以 a 表示 A 的對邊，由題意：

$$a + b + c = p$$

現在，邊 b 與邊 c 扮演著相同的角色，它們可以互換，也就是說，我們的問題對 b 與 c 來講是對稱的。然而，在圖 9 與圖 10 裡，b 與 c 並不具有對稱性，我們所畫出的周長 p，讓 b 與 c 的角色無法互換；也就是說，我們破壞了自然存在於 b 與 c 之間的對稱性。我們處理長度 p 的方式，應該要讓它對 b 與 c 保有相同的對應關係。

考量到這一點，也許有助於我們畫出像圖 11 的圖形。我們在邊 a 的兩側，分別加上長度 b（線段 CE）與長度 c（線段 BD）。如此一來，圖 11 裡的線段 ED 的長度就等於周長 p：

$$b + a + c = p$$

即使我們解作圖題的經驗不多，看到圖形裡的 ED 線段，我們很難不畫出 AD 和 AE 這兩條輔助線，也就是兩個等腰三角形的底邊。事實上，引進等腰三角形這類簡單而又熟悉的輔助元素，不是沒有道理的。

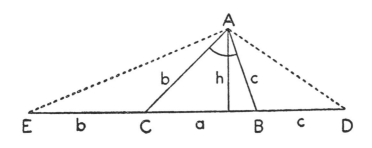

圖11

目前，我們很幸運地引入了輔助線。重新看看圖形中 $\angle EAD$ 與已知角 α 之間的關係。實際上，我們從兩個等腰三角形 $\triangle ABD$ 與 $\triangle ACE$，會發現 $\angle EAD = \dfrac{\alpha}{2} + 90°$，如果能夠想到這一點，作圖畫出 $\triangle DAE$ 就不是件難事。此時，我們就引進了一個比原來題目簡單多了的輔助問題。

4 老師和教科書作者都不應該忘記，對於肯動腦筋的學生和讀者來說，光是逐步檢驗正確無誤的解答過程，並不會給他們帶來滿足感，他們更想知道的是，這些步驟是怎麼想出來的。引進輔助元素是個明顯的步驟。然而，如果突然引進一條巧妙的輔助線，讓人看不出任何理由，但是又能輕易地解決題目，那麼一定會讓這群肯動腦筋的人覺得很失望，甚至會有受騙的感覺。

數學之所以有趣，是因為它需要我們運用推理與創造的能力。然而，如果不把過程中的關鍵步驟交代清楚，特別是為什麼要這麼做的理由和目的，那麼實在無法增長我們的推理與創造能力。使用適當的說明（如前面的第3點），或是使用合適的提問與建議（如第一部的10，18，19與20節），來增進學生或讀者對關鍵步驟的理解，絕對需要花很多時間與精力，然而，這些付出絕對都是值得的。

輔助問題

當我們在考慮某個問題，目的卻不是這個問題本身，而是希望藉由這個問題，來幫忙我們解決另一個問題（原有的問題），那麼，它就是輔助問題。我們的目標是解決原有的問題，輔助問題只是過程中的一個方法。

我們都看過飛蟲被玻璃窗困住的情景，牠會一再撞向同一面窗戶，而不會試試別的窗戶——其實牠就是從旁邊那個開著的窗戶飛進來的！身為人類，我們能夠（或至少應該能夠）表現得更聰明一些。人類的優勢在於，當眼前的障礙物太大，無法直接移除時，我們懂得從旁邊繞過去；同樣地，當眼前的問題看起來似乎是個無解的難題時，我們會設法先從合適的輔助問題開始。

設想輔助問題，是個重要的心智運作。能在原有的難題底下，想出一個明確的新問題，並清楚地了解到二個問題之間的關係，是一種高級的智力成就。因此，如何妥善地運用輔助問題，是教與學之中的一個重要課題。

1 範例一：求解方程式

$$x^4 - 13x^2 + 36 = 0.$$

如果我們可以發現 $x^4 = (x^2)^2$，那麼就可以引進

$$y = x^2.$$

並利用這個優勢，得出一個新的方程式

$$y^2 - 13y + 36 = 0.$$

這個新問題就是輔助問題，我們希望藉由它的幫助，來解決原有的問題。現在，y 是輔助問題裡的未知數，可以把它稱爲**輔助未知數**。

2 **範例二：已知長方體的長、寬、高，試求其對角線長度。**
　　利用類比（第 15 小節）來解這一題（第 8 小節），也許會得出另一個新的問題：已知長方形的長與寬，試求其對角線長度。

　　這個新的問題，就是個輔助問題。思考這個問題，可以增進我們對原問題的理解。

3 **益處**：思考輔助問題，可以帶給我們很多不同的好處。例如，我們可以使用輔助問題的結果。以範例一爲例，求解 y 的二次方程式，可得出 y 等於 4 或 9；直接使用這個結果，可推論出 $x^2 = 4$ 或 $x^2 = 9$，據此可得出所有可能的 x 值。某些情形，則是使用求解輔助問題的方法。

　　以範例二爲例，輔助問題是個平面幾何問題，可類比到原本的立體幾何問題，卻又比較簡單。一個合理的期望是，透過對輔助問題的思考，讓我們有機會去多熟悉某個相關的解題方法、計算或工具。範例二的輔助問題，是個很好的選擇；稍加思考，我們就會發現，它的方法與結果都可以應用到原來的問題上。（請參閱第一部第 15 節與第 137 頁你是否使用了所有的已知數？）

4 **風險**：我們可能會失去焦點，而把太多的時間和精力花在輔助問題上。在深入研究輔助問題之後，如果發現它並不可行，那麼所花費的時間與精力，就浪費掉了。因此，我們要練習對輔助問題的判斷力。

　　和原來的問題相比，輔助問題看起來可能較爲簡單，或是具有啓發性，或是較具美感；有時候，唯一好處是，它是個新問題，讓我們有機會去重新想想先前忽略的觀點，因此，會選擇某個輔助問題的理由，可能只因爲我們已經厭倦了原有的問題，或是已經爲它絞盡腦汁了而已。

5 如何尋找輔助問題。尋找某個問題解答的過程，往往取決於求解其輔助問題的過程。很不幸的，我們沒有一個「萬靈丹」，來告訴我們該怎麼尋找合適的輔助問題，因爲解題方法本身就沒有萬靈丹。然而，有些提問與建議，對於思索問題的解答，倒是非常有幫助的：例如仔細看未知數（見168頁）。此外，稍加改變問題（見259頁），通常也有助於找到合適的輔助問題。

6 等價問題：如果兩個問題的解答，彼此密切相關，就稱爲等價問題（equivalent problem）。範例一的原有問題與輔助問題，就是等價問題。

　　考慮底下的兩個定理：

A 任一等邊三角形，每個角都等於60度。

B 任一等角三角形，每個角都等於60度。

　　這兩個定理並不完全相同。它們包含不同的概念，一個考慮邊長大小，另一個考慮角度大小。然而，這兩個定理，彼此都可以導出對方，因此若能證明定理A，也就等於證明了定理B。

　　如果，題目要求我們證明定理A，那麼拿定理B作爲輔助問題，肯定會相當有幫助。因爲，定理B比定理A來得容易證明。更重要的是，我們要能**預知**或判斷出，定理B比較容易證明，或是我們

可以很直覺地推理出定理B比較簡單。事實上，這直覺是有跡可循的，因為定理B只單純地考慮角度，而定理A卻同時考慮了角度和邊長的關係。

若原有問題與輔助問題是等價的，那麼，從原有問題轉換到輔助問題的過程，就稱為可逆約化（convertible reduction），或是雙向（bilateral）約化、等價約化。因此，把定理A約化成定理B的過程（如上述）是可逆的；同理，範例一的約化也是可逆的。從某方面來說，在引進輔助問題時，可逆約化是最有用，也是我們最希望能夠有的結果。不過，話說回來，有些非等價的輔助問題，也可能非常有用，範例二就是一個例子。

7 一系列的等價輔助問題（條件），經常出現在數學的推理過程中。當我們被要求要解A題，卻不知該如何解的時候，我們可能會發現它的某個等價問題B。在考慮求解B題的時候，又發現B的等價問題C。同樣的過程，一再重複，由C再到D等等，然後一直到問題L，這個問題的答案可能是已知的，或是一眼就可以看得出來的。由於每一個問題，都與前一個等價，所以最後的問題L必然也與問題A等價。因此我們可以從這一系列等價輔助問題中的最後一個問題L，推論出原問題A的解。

從帕普斯（見186頁）的一篇重要文章得知，早在古希臘時期，數學家就已經注意到這種一系列問題的存在。我們以範例一來說明。令(A)是加諸於未知數 x 的條件：

(A)
$$x^4 - 13x^2 + 36 = 0$$

解這個問題的方法之一，是把它轉換成另一條件，稱作(B)：

(B)　　　　　$(2x^2)^2 - 2(2x^2)13 + 144 = 0$

乍看之下，條件(A)與條件(B)是不同的。兩者的確有微小的差異，不過，你應該可以很容易地說服自己，這兩者是等價的，雖然外表並不相同。從(A)轉換成(B)，不僅是個正確的過程，對熟悉二次方程式的人來說，它還指引了一個很明確的方向。依照這個思維，我們可以把條件(B)再轉換成條件(C)：

(C)　　　　　$(2x^2)^2 - 2(2x^2)13 + 169 = 25$

再進一步，我們可以得到：

(D)　　　　　$(2x^2 - 13)^2 = 25$

(E)　　　　　$2x^2 - 13 = \pm 5$

(F)　　　　　$x^2 = \dfrac{13 \pm 5}{2}$

(G)　　　　　$x = \pm \sqrt{\dfrac{13 \pm 5}{2}}$

(H)　　　　　$x = 3$ 或 -3 或 2 或 -2

我們所做的每一次約化，都是可逆的。因此，最後的條件(H)必與條件(A)等價，所以 3、–3、2、–2 是原方程式所有可能的解。

　　在上述的過程中，我們從原始條件(A)，得出一系列的條件(B)、(C)、(D)、……，然而，每個式子都與前一個等價。這一點很重要，需要特別注意。對同一個對象（未知數 x）而言，所有等價條件都會成立，因此，若我們把原有的條件，改成一個新的等價條件，所得

出來的解,就是原有條件(或問題)的解。

　　不過,若是我們窄化了等價條件,我們可能會遺失某些解;若是對等價條件做了不當的延伸,就會增生出一些與原問題無關的解。更嚴重的是,如果我們在一系列的約化過程中,一會兒窄化條件,一會兒延伸條件,很快地,我們就會迷失方向,不知道所得出來的條件與原問題之間的關聯。為了避免這個可怕的錯誤,在每一步的計算過程中,我們都要很小心,而且要確定一件事:每一個引進的條件,是否都與原條件等價?當問題更複雜時,譬如不僅是處理一個方程式,而是一個方程組,或是幾何作圖題時,上述這件事就加重要了。

　　(請參閱第186頁的帕普斯,特別是其中第2、3、4、8點的限制條件。不過第187頁倒數第8行至第188頁第4行的敘述,並不適用於此,因為帕普斯所討論的是一系列的「求解問題」,其中的每一題,都有不同的未知數;我們在這裡所討論的,是個完全相反的特例:一系列中的每個問題,都有相同的未知數,只是條件的形式不同,當然就沒有那些限制。)

8 **單向約化**(unilateral reduction)。假設我們有兩個待解的問題,A與B。假設,當我們解出A題,也就完整地解出了B題,然而反之並不成立,得出B題的解之後,我們很可能只知道關於A題解答的部分訊息,而無法得知如何導出完整的解。這種情形,A的解比B來得有用,我們不妨把A稱為**企圖較大**的問題,把B稱為**企圖較小**的問題。

　　把要求解的問題,不論是約化成企圖較大、或企圖較小的輔助問題,都稱為**單向約化**。這兩種單向約化的方式,都不比雙向或可

逆約化來得好。

　　範例二就是一個單向約化到較小企圖問題的例子。如果直接求解原來的長方體問題，我們需要同時考慮長方體的長、寬、高三邊長（分別為 a、b、c），但是，若令高 $c = 0$，則所得出的輔助問題，是一個長為 a、寬為 b 的長方形。另一個單向約化到企圖較小的問題的例子，可參閱特殊化（第 238 頁）第 3、4、5 點的討論。這些例子說明了一件事：如果運氣好，**企圖較小的問題會像墊腳石**，只要再加上一點額外的輔助工具，就可以得出解答。

　　單向約化到企圖較大的問題，也可能會成功。（請參閱第 149 頁「一般化」第 2 點，以及第 157 頁「歸納與數學歸納法」第 1、2 點所討論的前兩個例題。）事實上，企圖較大的問題，可能更易求解；這就是發明者的反論（第 165 頁）。

波爾察諾

波爾察諾（Bernard Bolzano, 1781-1848）是位邏輯學家與數學家，致力於以邏輯的方式來呈現啟發法。關於這部分的工作，他曾寫道：「我一點也不認為，我在此所能呈現的，關於研究思考步驟的種種論述，可以超出先人的智慧。我也不保證，各位可以在這裡發現什麼特別新鮮的論點。這些關於研究思考的規則與方法，大家早就習以為常，許多時候甚至不知不覺地這麼做了，不過，我還是要花些時間，耐心地用明確的語言把它們說清楚。當然，我的工作一定無法十全十美，但我仍然希望，會有一些人因為我這一點點小嘗試而得到幫助。」

靈　感

靈感、「好點子」或「靈光一閃」，是我們常用來描述，在解答的過程中，突然得到的一個大的進展；可參閱進展與成就（第 202 頁）的第 6 點討論。對每一個人來講，靈感的出現，都不是陌生的經驗，然而，它卻是一件很難描述的事情。有趣的是，早在亞里斯多德時期，他便對這個經驗，有一個值得參考的描述。

大多數的人應該都不會反對，把靈感視為是一種「智慧的行為」。亞里斯多德把「智慧」定義為：「智慧是一種在極短的時間內，由猜想要點，所得出來的一種突然的發現。」舉例來說，當你

看到某人以某種方式和一個富人說話時，你可能瞬間就會猜到，這個人是想要借錢。另一個例子是，當你觀察到月球發光的那一側，總是面向著太陽時，你可能會突然發現，月球之所以發亮，是反射了太陽光的緣故。

第一個例子雖不差，但卻非常顯而易見。猜測出富人與錢的這類關係，並不需要很多智慧，這也不是個很聰明的想法。然而，第二個例子就不一樣了。如果我們設身處地，稍加想像它的推理過程，就會發現它蘊含相當深刻的思考。

試想亞里斯多德時期的人們，由於沒有鐘錶，他們必須藉由觀察太陽和星星來知道時間，在計畫夜間旅行時，還必須考慮月相的盈虧，因為當時並沒有路燈可供照明。比起現代人，他們更懂得天空中所發生的事情，他們對大自然的了解，也不會受報章雜誌上無法消化的片段天文知識所蒙蔽。

他們所看到的滿月，就像個圓盤，與太陽一樣，但卻沒那麼亮；他們想必對月相盈虧與月亮的位置充滿好奇；他們也注意到，月亮有時候會在日出或日落時分出現在天空中，並發現到「月亮發光的這一邊，總是面向著太陽」。這個發現本身，就是很重大的成就。

如今，人們了解到，月球發光的種種現象，就像用燈光從某側照射一個球那樣，向光的那一側是亮的，另一側是暗的。太陽和月球不是圓盤，而是球體，一個會發光，另一個則只是吸收並反射光線。理解了這個基本要點之後，人們便在「極短的時間內」重新整理了既有的觀念：想像力突然向前飛馳，有了靈感，靈光一閃。

你能驗算結果嗎？

你能驗證過程裡的每個步驟嗎？妥善地回答這些提問，可以增強我們對解答的信心，並增進對知識的理解。

1 要檢驗數學問題的數值結果，可把這些結果與觀測到的數字或常識性的估計值來做比較。由實際需求或純然好奇所引發的問題，大都是很實際的，因而很難避免這類的比較。每位老師都知道，學生在這方面，往往有出人意料的「成就」。

例如：明明是求解一艘小船的船身長度，得出的答案卻可能是 4840 公尺；或是已知該船船長是位祖父輩的老船長，計算出來的年齡竟為 8 歲 2 個月。許多學生在得出這類答案時，絲毫不會覺得奇怪。這類明顯的粗心，並不表示學生笨，而是對問題的合理性漠不關心。

2 「由符號表示的」問題驗算起來，比「數值問題」來得複雜，但也比較有趣（第一部第 14 節）。舉例來說，考慮一個截掉了頭的金字塔（也就是上下底面均為正方形的角錐臺），若下底的邊長為 a，上底的邊長為 b，高為 h，則體積為

$$\frac{a^2 + ab + b^2}{3} h$$

我們可以利用<u>特殊化</u>（第 238 頁）來檢驗這個結果。譬如說，當 $a = b$ 時，這個角錐臺就成了四角柱，體積公式變為 $a^2 h$；當 $b = 0$ 時，角錐臺就成了四角錐，體積為 $\frac{a^2 h}{3}$。此外，由<u>量綱檢驗法</u>（第 251 頁）

可知,角錐臺的體積公式看似複雜,但其單位的確是長度的立方。最後,我們也可改變已知數來做檢驗:當 a、b 或 h 其中的任何一個數值增大時,數式所表示的體積值也會隨著增大。

這類的檢驗方式,不僅可以用來檢驗最終的解,對過程中的中間結果,也一樣適用。由於它們非常有用,所以值得為它們稍做準備:參閱改變問題(第259頁)第4點。例如把題目裡的「數值」一般化成「符號」,以便使用這些檢驗法;參閱一般化(第149頁)第3點的討論。

3 你能驗證論證嗎?逐步檢驗論證時,要避免只是單純的重複。首先,只是單純的重複,往往會讓解題工作變得無聊、沒有建設性,並增加精神負擔。此外,若情況沒什麼變化,我們很容易會重蹈覆轍。因此,當我們覺得有需要再次逐步思考問題時,多少要有點變化,例如改變步驟的次序或組織方式。

4 先從論證中最弱的點開始檢驗,會比較省力,也比較有趣。一個有助於挑出論點中的提問是:你是否使用了所有的已知數?

5 非數學的知識,顯然無法全部都經過嚴謹的證明。一般日常生活的知識,大都是透過經驗的檢驗與測試而增強其正確性。比較有系統的觀察與檢驗,則發生在自然科學中。科學的檢驗,大都有仔細的實驗與精密的測量,再配合嚴格的數學推理。然而,我們的數學知識,是否可以只建築在嚴謹抽象的邏輯證明上?

這是個哲學問題,而且我們無法在此討論。可以確定的是,你的數學知識、我的數學知識,或是你學生的數學知識,都不完全是

只依賴嚴謹抽象的邏輯證明。若有任何「正確」的知識存在，必然是基於某個廣泛的實驗基礎，而這個基礎，又因每個經檢驗後爲眞的問題而擴大。

你能用不同的方法導出這個結果嗎？

當最終得出一個冗長而複雜的解時，我們往往會期待，是否有個比較清楚或比較簡單的解答：你能用不同的方法導出這個結果嗎？你能否一眼就看出來？即使我們成功地得出一個令自己滿意的解答，我們仍會對是否還有另一個解答，感到好奇。在判斷某個推理結果是否正確時，我們往往希望至少有兩個以上的推理方法，就像在了解一個物體時，我們會不自覺地透過兩種感官一樣；得出一個證明之後，我們還會希望再找到另一個證明，就像我們看到一個物體之後，還會想摸摸它。

有兩個證明，絕對比只有一個來得強。就像俗語說的：「有備無患。」

1 例題：已知圓錐臺的高 h，下底半徑 R，上底半徑 r，求其側表面積大小 S。

這個問題有很多解法。例如：我們可以從圓錐體的側表面積公式出發。由於圓錐臺是把圓錐體從上方，切去一個較小的圓錐體所產生的，所以，圓錐臺的側表面積就是這兩個圓錐體側表面積的差。從這個想法出發，並以已知數 R、r 和 h 表示，可得

$$S = \pi(R + r)\sqrt{(R - r)^2 + h^2}$$

經過冗長的計算而得出這個解答之後，我們還是會期待，是否有個比較簡單或比較簡單的解答：你能用不同的方法導出這個結果嗎？你能否一眼就看出來？

　　想要很直覺地來了解這個解答，我們可以從數式中各部分的幾何意義著手。首先，讓我們來看看根號這一項：

$$\sqrt{(R - r)^2 + h^2}$$

它代表著斜高（slant height）的長（斜高是等腰梯形中，不平行兩邊中的某一邊長度，如圖12，以等腰梯形平行兩邊之中點連線為軸，這條邊繞行一周之後，即為圓錐體。）

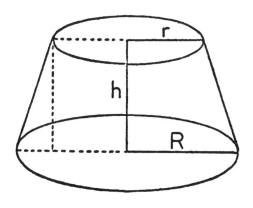

圖12

其次，我們也發現到

$$\pi(R + r) = \frac{2\pi R + 2\pi r}{2}$$

是圓錐臺上下兩底周長的算術平均值。稍加整理，可得

$$\pi(R + r) = 2\pi \frac{R + r}{2}$$

這是圓錐臺中截面的周長（我們把平行於圓錐臺上下兩底、並平分圓錐臺高的截面稱為中截面）。

在了解數式中各部分的意義之後，我們可以用不同的眼光來看待原來的解答：

面積＝中截面的周長×斜高長

回想梯形的一個性質：

梯形面積＝中線長×高

（梯形的中線，是指平行於兩底而平分其高的直線，長度是上底加下底再除以二。）透過這個梯形面積的性質，讓我們幾乎「一眼」就可以了解圓錐臺的側面積性質。也就是說，想用簡短而直接的方法，來證明這個經過冗長計算而得的結果，已經呼之欲出了。

2 前述是一個典型的例子。由於對解答的推導過程不甚滿意，而採取了一些改變或改善的行動。因此，再次研究解答本身，往往能有進一步的理解，或是產生新的觀點。我們也許可以從解答中某些部分，找到新的詮釋，然後，又很幸運地從其他部分，也找到新的解釋。

把解答區分出幾個不同的部分，一個接著一個地考量這些部分，並且從不同的角度來考慮它們。最後，對原有的解答，我們可能會有一個全新的理解。而這個新的理解或觀念，又會引導我們得出一個新的證明或推導方法。

也許我必須告解一下。上述的這些情況，比較容易發生在經驗豐富的數學家處理某些高深數學問題的時候；擁有大量數學知識的數學家往往容易陷入一種險境，會使用過多的知識，以及不必要的複雜論證，來處理問題。所幸，這些有經驗的數學家，也比較有能力來重新詮釋結果的各部分，慢慢累積並重新得出整個結果。

然而，即使是在小學的課堂裡，學生也有可能以過於複雜的論證或推理來解答問題。此時，老師不僅應該要讓學生知道如何能更簡短有效地解題，更要讓他們有機會理解，如何從解答本身，找出更簡短有效的解題方法。

另請參閱歸謬法與間接證法（第 208 頁）。

你能運用這個結果嗎？

用自己的方法找到解答，是一種**發現的過程**。若問題不難，這個發現也許不那麼特別，但它終究還是一個發現。有了某個發現之後，不論再怎麼平凡無奇，我們都不應該放棄進一步深究的機會，看看在它背後還隱藏了些什麼，或是它能開啓怎樣的可能性；我們也該試著再次使用相同的解題方法。要去探索你的成果！你能把這個結果或方法運用到別的問題上嗎？

1 如果我們稍微熟悉改變問題的主要方法，例如<u>一般化</u>、<u>特殊化</u>、<u>類比</u>、<u>分解與重組</u>等，就能很容易地想出新的問題。從某個問題出發，透過這些方法，我們可以導出一批新的問題，從這些問題，又可以再導出另一批新的問題。理論上，這個方式可以不斷地重複下去，但實際上，我們很少走得太遠，因為這樣的題目，大多非常難解。

另一方面，有些新的問題，只要稍稍運用已知問題的解，便可以輕易地解出答案來，所以，求解這類的問題，往往又沒什麼樂趣可言。

想找到有趣又能解的問題，並不容易。它需要經驗、品味與運氣。因此，當我們有機會解完一個好問題時，絕對不可放棄在它附近稍作逗留的機會。**好問題就和香菇等蕈類一樣，都是一群一群地長在一起的。當有機會發現一個好問題時，你應該也留意一下它的四周，往往很容易就會再發現另外一個。**

2 我們要借用第一部第 8、10、12、14 和 15 節的討論，來說明上述各點。因此，讓我們還是從底下這個長方體問題出發：

已知長方體的三邊（長、寬、高），求其對角線長。

如果已知這個問題的解，我們很快就可以解出底下所列的問題（其中的前兩題，我們差不多已在第 14 節裡說過了）。

已知長方體的三邊長，求其外接球的半徑。

有一角錐體的底為長方形，此長方形的中心為角錐高的垂足。

已知角錐的高與底面長方形的兩邊長，試求角錐側邊的邊長。

　　已知空間中兩點的直角座標為 (x_1, y_1, z_1) 與 (x_2, y_2, z_2)，試求兩點的距離。

　　這些問題都不算困難，因爲它們與已知的長方體問題，幾乎沒有差別。雖然在每一個問題裡，我們都加入一些新的概念，例如外接球、角錐、直角座標系等。這些概念容易加上，也容易除去。除去這些概念之後，我們就又回到原本的問題上了。

　　此外，這些問題也都很有趣，因爲我們所加入的觀念，都很有意思。特別是最後一題，求解已知座標的兩個點之間的距離，在討論直角座標系時，是一個重要的問題。

3 這裡再舉另一個例題，也可以很容易地從已知的長方體問題，找到解答：**已知長方體的長、寬和對角線長度，求它的高。**

　　回想一下就能發現，我們從長方體問題裡所得到的解，是一個包含了長、寬、高、對角線等四個量的關係式。只要其中的任意三個量已知，那麼未知的第四個量，自然迎刃而解。

　　要從已經有解的舊問題，轉化成容易求解的新問題，是有模式可循的：舊問題中的未知數成了已知數，而原有的某個已知數，則成了新的未知數。然而，不論是新問題還是舊問題，聯繫已知數與未知數之間的關係式，都還是同一個。因此，找要能從某個問題中，找到這個關係式，就能在另一個問題裡派上用場。

　　已知數與未知數在新舊問題中互換的這個模式，完全不同於我們剛剛在第2點所討論的模式。

4 我們再來討論另外一些產生新問題的方法。

把原有的長方體問題一般化（第149頁），自然可以得出下列這個問題：有一平行六面體（長方體正是平行六面體的特例），已知與某一端點相連的三個邊長，以及三邊之間的各個夾角大小，求其對角線長。

若把原問題特殊化（第238頁），則是：已知某正立方體的邊長，試求對角線長。

透過類比（見74頁）的方法，更是可以得出多到數不完的題目。以我們在第2點所討論的問題為例，就可以舉出幾個：已知一正八面體的邊長，求其對角線長；已知一正四面體的邊長，試求其外接圓半徑；或是，已知地球上兩點之地理座標（經度與緯度），試求此兩點間之球面距離（假設地球為一正球體）。

所有的這些問題都非常有趣，但只有透過特殊化所產生的問題，可以讓原問題的解，直接派上用場。

5 我們也可以把問題中的某個元素，改成變數，而發展出新的問題。

剛剛在第2點提到的一個問題，已知正立方體的邊長，求其外接球半徑的問題，可作為一個特殊的例子。我們讓正立方體、正立方體中心、及其外接球的球心（兩者為同一點）固定不動，而只改變球的半徑大小。當半徑較小時，整個球包含在正立方體的內部；當半徑增大時，球會膨脹，就像吹氣球那樣。在某個時刻，這個「氣球」會剛剛好碰到正立方體的表面（內切），稍後，這個氣球會碰到正立方體的邊，然後會碰到正立方體的頂點（外接）。請問在這三個時刻，該「氣球」的半徑分別是多少？

6 學生若從來沒有解過**由他們自己創造的問題**，而老是只有解別人給的問題，就稱不上有完整的數學經驗。在剛解完某道題時，老師可以把這個終點，轉換成新的起點，由此去創造一些新的問題，如此應該能激起學生相當大的好奇心。老師也可以把部分創造新問題的工作，留給學生自己去做。以我們剛剛（第5點）所討論的問題為例，老師可以問：「在氣球變化的過程中，你想要計算什麼？有哪一個半徑的值，是特別有趣的？」

執行計畫

擬定一個計畫，與真正去執行這個計畫，是兩件不同的事。就某個意義來說，求解數學問題也是如此。擬定計畫與執行計畫，二者各有不同的特徵。

1 在解題時，我們可以先從一些暫時性的，或是比較粗糙的想法開始，逐步來建構最後那個嚴謹的論證，就像在築橋時，需要先從搭起鷹架開始一樣。然而，隨著工程的進展，我們最終必須移除鷹架，讓這座橋可以自己屹立在那裡。一樣的道理，隨著解題工作的進行，我們也必須逐步移除這些暫時而粗糙的論點，而由嚴謹的論證來支持最後的解答。

在構思解題計畫時，我們不必在嚴謹性上面，擔太多心。只要能夠得出好的想法，都是對的、好的。然而，在執行解題計畫時，就必須改變這個態度，而只能採用確實而嚴謹的論證。在執行計畫

時，要檢核每一個步驟。你能確定每個步驟都是正確無誤的嗎？

執行計畫時愈小心，在擬定或構思計畫時，就可以愈自由。

2 在執行計畫細節的次序上，我們要費點心思；尤其是遇到複雜的問題時。我們不應遺漏任何的細節，但在使用這些細節解題之前，要清楚地知道這些細節與整體問題的關聯，而且要清楚解題的大方向或主要步驟。因此，需要有合理的步驟，來處理這些細節。

譬如說，在我們還無法確定主要步驟的正確性時，不宜花太多時間在次要的細節上。倘若主要的推理過程有漏洞，花在任何次要細節上的功夫，都是白費的。

我們花在某論點細節的次序，可能不同於構思時的次序，而需要詳盡地把論證細節都寫出來的次序，很可能又是另外一個。歐幾里得在《幾何原本》中，把論證的所有細節，都以嚴謹而有系統的方式呈現，這種做法，常有人模仿，卻也常遭人批評。

3 歐幾里得呈現解答的方式，是讓所有的論證，都朝同一個方向前進：在「求解題」裡，就是從已知到未知；在「證明題」裡，就是從假設到結論。所有新的元素，例如一個點、一條線，都必須很嚴謹地從先前的步驟推導出來。任何新的斷定，都必須嚴謹地從假設，或是從已經證明為真的敘述推導出來。每一個新的元素或敘述提出來時，就已經經過嚴格的檢核，因此它們只需檢核這麼一次。

所以，我們只需要專注在眼前的步驟，既不需回顧，也不需前瞻。我們最後一步需要檢核的，就只有未知數（或是證明題裡的結

論）。如果過程中，每個步驟都正確無誤，且最後的這步驟也正確無誤的話，那麼整個論證也就會是正確的。

如果我們的目的是要詳細地檢核解答的過程，那麼歐幾里得的方式，是非常值得推薦的。特別是，當我們剛完成一個長而複雜的論證，而且也可確定整體的思路無誤時，此後的任務無它，就只剩下逐步檢驗細節了，而歐幾里得的方式是最恰當不過的了。

然而，如果我們的目的是要把一個論證教給學生或讀者，那麼歐幾里得的方式便有待商榷。他的方式很適合把某個細節交代清楚，卻不適於呈現思維的過程。聰明的讀者（見257頁）可以毫無困難地了解每個步驟的正確性，但卻很難理解這些步驟的緣由、目的，以及與整個問題的關聯。之所以會有這個難處，是因為歐幾里得的方式，剛好與創造發明的思維過程完全相反。（歐幾里得的方式是遵循很嚴謹的「綜合法」；請參閱第186頁帕普斯對分析法與綜合法的討論，特別是第3、4、5點的討論。）

4 總結來說，歐幾里得呈現解答的方式，嚴謹地從已知數到未知數，或從假設到結論，非常合於檢核解答的過程，但卻無助於對整體解題思維的理解。

對學生而言，若能自己以這個方式，耐煩而仔細地檢核每一個步驟的正確性，是非常值得鼓勵的，但也不必過分拘泥於不可跳過每個細節。然而對老師而言，本書倒不鼓勵以歐幾里得的方式來教學，反而比較由老師引導學生，盡量讓他們能夠獨立地發現解題所需的關鍵想法，之後，歐幾里得的方式才可能有助於學生的學習。某些教科書作者，先以直覺的方式，勾勒出整體的解題思維，再以歐幾里得的方式來討論細節，也是可取的做法。

5除了從直覺上認為某個命題為真之外，謹慎的數學家還需要一個正式的證明，才會真的感到滿意。你能清楚地看出它是正確的嗎？你能證明它是正確的嗎？在這種時候，謹慎的數學家就像一位上街購物的小姐，除了用眼睛看衣服之外，還會動手去摸一摸，確定衣服的品質夠不夠好。直覺與證明是判斷真偽的兩個途徑；就像要判斷某個物體的材質，除了用眼睛看，還需要用手摸，是一樣的。

　　直觀的洞察，可能遠比正式的證明要來得快很多。任何一位聰明的學生，即使不具備任何有系統的空間幾何知識，只要了解一些術語的意義，很快就能了解命題「同時平行於某直線之兩條直線，彼此也必定互相平行」（這三條直線可以共平面，也可以不共平面）。然而，這個命題的證明，如歐幾里得《幾何原本》第十一卷命題9所示，需要冗長、繁瑣又精巧的推理。

　　嚴謹的邏輯推理與代數運算，可能導出遠超乎直覺所能想像的結果。幾乎每個人都看得出來，隨便三條直線，可以把一個平面區分出7個部分（類似畫三角形的方式）。然而，幾乎不可能有人可以一眼就看出，5個平面可以把空間分成26個部分。不過，想要嚴謹地證明答案就是這個數目，證明起來既不冗長，也不困難。

　　執行計畫時，我們需要檢核每個步驟。檢核步驟時，我們有時需要依賴直覺，有時需要正式的證明。有時直覺在前，有時證明在前。能雙管齊下，同時運用這兩個方法，是既有趣又有益的練習。你能清楚地看出它是正確的嗎？可以，沒問題！這時候，直覺在前；證明的速度趕得上直覺嗎？你能證明它是正確的嗎？

　　能嚴謹地證明出直覺的正確性，以及直覺地了解嚴謹證明背後的意義，是一種增強心智的訓練。很不幸地，我們在教室裡，通常

都沒有足夠的時間來做這麼有意義的事。先前在第一部第12與14小節裡所討論的例題，就是這方面的例子。

條　件

條件是「求解題」的主要部分。參閱求解題與證明題（第199頁）第3點，以及解題的術語（第248頁）第2點。

條件若包含了不必要的部分，就是**多餘的**條件。若條件是由互相相反或不一致的幾個部分所組成，以致無法找到可符合這個條件的對象，那麼它就是一個**矛盾的**條件。

因此，當條件所表示的方程式數目，比未知數的數目來得多時，這條件可能是多餘的或矛盾的；若條件所表示的方程式數目，比未知數的數目來得少，那麼已知的條件便不足以決定未知數；若條件所給的方程式數目，剛好等於未知數的數目時，通常我們可以藉此決定未知數，不過，在某些例外情形中，這條件仍可能是多餘或矛盾的。

矛　盾

請參閱條件一節。

系　理

系理（corollary，或作「推論」）也算是一種定理，是我們在審視另一個剛得到證明的定理時，很容易就能推想出來的定理。「corollary」這個英文字源於拉丁文，直譯的意思為「小費」或「賞錢」。

你能從已知數中找到什麼線索？

眼前是個待解的題目，一個開放的問題。我們需要找出已知數和未知數之間的關聯。我們可以把這個待解的問題，想像成是一個介於已知數和未知數之間的開放空間，一個需要我們去搭起橋樑的裂縫。至於要從哪一側開始搭這座橋呢？答案是兩側都可以。

仔細看未知數！然後試著想一想，有沒有什麼你熟悉的題目，有相同或相似的未知數。這個建議，是從未知數這一側開始搭橋。

仔細看已知數！你可以從已知數裡，找到什麼有用的東西嗎？這個建議，則是從已知數這一側開始搭橋。

大家通常比較偏好從未知數那一端開始推理（請參閱186頁的帕普斯以及280頁的倒推法）。不過，從已知數這一側開始思考，也會有成功的機會，這常常是個必要的嘗試，自然也值得在此說明。

範例：已知三個點 A、B、C。求一條直線，使其通過 A 點並介於 B、C 之間，而與 B、C 兩點等距離。

已知的是什麼？ *A*、*B*、*C* 三個點。我們畫個圖來表示這些已知數，如圖 13。

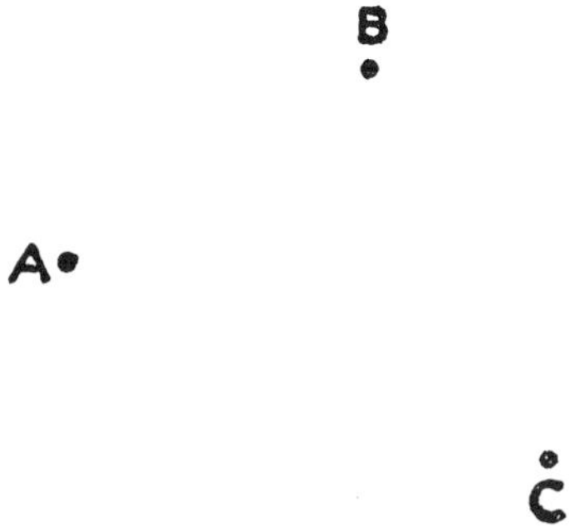

B
•

A•

C
•

圖 13

未知的是什麼？一條直線。

條件是什麼？該直線須通過 *A* 點，經過 *B*、*C* 兩點之間的某處，並與 *B*、*C* 兩點等距離。我們用圖 14 把這些已知數、未知數和條件等整合起來。根據「點到直線的距離」的定義，在我們的圖裡，會出現兩個直角。

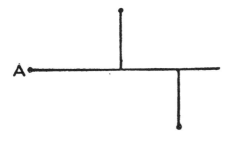

圖 14

　　這個圖目前還「太空白」了些。這條未知的直線與 A、B、C 三點相連的方式，還不是很令人滿意。這個圖還需要加幾條輔助線，但是應該加在哪裡呢？即便是程度不錯的同學，也很容易「卡」在這裡。當然，有很多種可能性，值得嘗試看看，不過，最好的辦法是問自己：我可以從已知數當中，找到什麼有用的東西？

　　想想看，已知的是什麼？除了圖 13 裡的三個點，就什麼都沒有了。我們還沒有充分利用到 B 點和 C 點；我們一定得從這裡面發現一點線索。可是，只有單純的兩個點，可以變出什麼花樣呢？最直接的方式，就是用直線把它們連起來。因此，我們有了圖 15。

　　如果我們把圖 14 和圖 15 重疊起來，答案就很明顯了：新的圖形裡，會出現兩個直角三角形，它們必須全等，而關鍵就是這兩條線的交點。

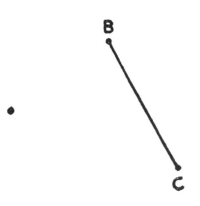

圖 15

你可以把問題重述一遍嗎？

你可以換個方式說嗎？這些提問的目的，在改變問題；參閱第259頁「改變問題」一節。

必要時，不妨回到定義。請參閱第125頁「定義」一節。

分解與重組

分解與重組是兩個重要的思維活動。

碰上一件有趣或讓你感到好奇的事，譬如一棟你想要租下來的房子、一封重要卻又語意不清的電報、一件讓你感到困惑的事、或是一道數學問題等等，你會對這個物體或事件，先有個整體印象，雖然可能還有點模糊。

很快地，就會有其中的某個細節，吸引了你的注意力，讓你把精神集中到那裡。然後，你的注意力又會轉移到另一個細節，然後是另一個細節；如此繼續下去。

這些細節彼此之間的關係，會很自然地呈現出來。稍後，你會再次地從整體來考量這個問題，只是這一次，你已經有了不同的眼光。把整個物體分開、分解成較小的部分，再把它們重新組合起來之後，多少會和原來的東西有點差異。

1 我們很容易在細節裡迷失自己。太多以及太小的細節，都是思緒的負擔。它們會減少你對大方向的注意力，甚至讓你完全看不到大方向。這就是「見樹不見林」的意思。

當然，我們不會希望把時間浪費在不重要的細節上，我們也知道要把精力集中在基本的要點上。只是，難處在於我們無法事先知道，哪些細節是有用的，哪些是無用的。

因此，我們首先該做的事，是對問題有個全盤的理解。當有了這個理解之後，我們才比較有能力判斷可能的重點為何。在仔細考慮一、二個重點之後，我們也就比較能判斷出，哪些細節值得多投注一些精力去研究。此時才是我們進入處理細節的時候，逐步地拆解問題，但要注意不要過了頭，成了鑽牛角尖。

當然，老師千萬不要期待，所有的學生都可以很聰明地做到這一點。另一方面，同學也應該要有體認，在對題目有整體的了解之前，就捲起袖子，一頭栽進細節的計算裡，實在是非常愚蠢的事，也是很糟糕的習慣。

2 現在讓我們來考慮數學問題裡的「求解題」。

在開始進入細節的運算之前，必須先對問題有個全面而整體的了解，知道問題的目標與重點。這該從何開始呢？在大多數的情形下，都是從問題的主要部分著手，也就是問題的未知數、已知數，以及條件；換句話說，可以先確實地回答底下這些提問：什麼是未知數？什麼是已知數？有什麼條件限制？

確實回答了以上這些提問之後，如果想再多處理一些細節，還有什麼事可以做呢？通常我們會建議，仔細地去審視每一個已知

數，或把已知條件拆解成不同的部分，然後，再依次檢查這些部分條件。

在某些特殊的情況下，特別是遇到比較困難的問題時，我們可能需要把問題拆解成幾個較小的問題，從這些「子問題」中，再去審視進一步的細節。此時，我們也許需要回到某個術語的定義，看看是否需要引進新的元素，然後再審視或檢查這些新引進的元素。

3 把問題經過這樣的分析、拆解之後，還要試著把它以某種新的方式，重新組合起來。特別是，我們要試著把這些切割過後的部分，重新拼裝成一個比較容易求解的問題，或是輔助問題。

當然，重組的方式有無限多種可能。獨特而原創的重組方式，就是解題者的創意所在。愈困難的題目，愈需要精巧、特殊的重組方式。所幸，一些基本而常見的重組方式並不困難，而且，對大部分簡單的問題來說，也已經足夠了。我們應該先從熟悉這些基本的方式開始，並學會運用；當然，我們最終還是會碰上一些罕為人知的方法。

要把原有的問題，經由重組而導出新的問題，一些常見而實用的組合方式，已經有很好的分類了。具體的做法上，我們可以：

(1) 讓未知數保持不變，而改變其他的部分（已知數與條件）；

(2) 讓已知數保持不變，而改變其他的部分（未知數與條件）；

(3) 同時改變未知數與已知數。

底下我們將要逐次地討論這些方法。

　　*第(1)類和第(2)類的做法有點重複。事實上，我們也可能讓未知數和已知數都保持不變，只改變問題的條件，而把問題轉換成另一種形式。例如，底下兩個作圖題，看起來雖然很相似，其實並不相同：

已知某一邊邊長，作一等邊三角形。

已知某一邊邊長，作一等角三角形。

　　這兩個問題的差別，從我們現在的觀點來看，可能不太大。但是，若從別的觀點來討論，它們之間的差異可是非常顯著的。我們暫不詳細討論這些別的觀點，以免占去太多篇幅；請與「輔助問題」一節第7點的討論（見92-94頁）作比較。

4 　**讓未知數保持不變**，而改變已知數與條件，是最常用來轉換題目的方法。仔細看未知數（見168頁）的建議，就是要把注意力集中在有相同未知數的問題上。我們可以從已經求解過的類似題中，想想看有沒有相似或相同的未知數。即使想不起來有任何的類似題，也沒關係，我們可以試著自己創造一個：是不是有什麼其他可能的已知數，也可以用來決定這個未知數？

　　新的問題與原來待解的問題，彼此有愈多的關聯時，就愈有可能派得上用場。因此，在保持未知數不變時，也要讓一些已知數和部分條件保持不變。改變的程度是愈小愈好，例如只改變一或二個已知數，或是某一小部分條件等。

用＊號標示的段落，為比較專門、比較技術性的討論。

　　比較好的做法是用「減法」，而不是「加法」，意思就是說：**在做改變時，只刪去東西，而不增加東西**。例如未知數和已知數都保持不變，只保留條件的某部分，而移除其他部分，但注意不要新增任何條件或數據。關於這個做法的範例和說明，我把它放在稍後的第 7 與第 8 點討論裡。

5 **讓已知數保持不變**，我們可以試著引進一些比較有用、而且容易求解的未知數。這些新引進的未知數，必須是可以從已知數裡得出解答的；我們的提問：你能從已知數中找到什麼線索？（見 112 頁），就是用來幫助尋找這種新的未知數。

　　這裡有兩件重要的事。首先，與原有的未知數相比，新的未知數要能比較容易得出解答。其次，這個新的未知數要「有用」；也就是說，在求解原未知數上，它可以提供確切的幫助。如果打個比方，這個新的未知數就像個踏腳石，好比是溪流中的一塊石頭，比起我們希望抵達的對岸來說，它近多了，只要我們能踏上這塊石頭，就離對岸又近了一步。

　　理論上，這個新的未知數必須易解又有用，不過，在實際上，通常不會這麼順利。所以，如果實在不知道有什麼好的未知數，不妨看看可以從已知數裡找到什麼有用的線索，或是試著從未知數那端出發，看看有沒有什麼相近的、新的未知數，即使一時看不出來該怎麼解，也沒有關係。

　　譬如說，我們希望求出一個長方體的對角線（如先前在第一部第 8 節裡的問題），那麼也許可以把某個面的對角線，當成新的未知數。我們之所以會這麼做，可能是因為我們**知道**，其中一面的對角線有助於求出整個長方體的對角線（如第一部第 10 節裡的討論）；

也可能是因為我們了解到，其中一面的對角線比較容易求出解答，而且我們也**猜測**，這可能有助於求出整個長方體的對角線。（參閱第137頁「你是否使用了所有的已知數？」的第1點討論。）

如果問題換做是要我們「畫個圓」，那麼我們需要知道兩件事：圓心與半徑。你也可以說，我們的問題包含了兩個部分。在某些情況下，問題中的某一部分可能比另一部分來得容易求解。因此，很自然地，我們可以問一下自己：你能不能先解出部分問題？

問了這個問題之後，我們便可以比較，是把精神先集中在圓心上呢？或是半徑上？然後，從中選出新的未知數。這類的提問常常很管用，尤其是在比較高深或複雜的問題裡，解題的關鍵往往就是因為對題目做適當的切割。

跟前述兩種做法相比，**同時改變未知數與已知數**，會讓我們更加遠離原本的問題。這當然不會是我們希望的結果。不過，當小幅的改變對解答沒有幫助時，又加上新的問題，似乎可以提供點希望，此時，還是值得冒著稍稍遠離舊問題的風險，做一些大幅的改變。

你能否改變已知數，或改變未知數，在必要的情況下，甚至同時改變這兩者，使得新的未知數與新的已知數，彼此能較為接近一些？

同時改變未知數和已知數的一個有趣做法，是把未知數和某一個已知數互相交換。（參閱第103頁的「你能運用這個結果嗎？」第3點。）

7 範例：求一三角形，已知一邊 a，垂直於該邊的高 h，以及該邊的對角 α。

未知數是什麼？一個三角形。

已知數是什麼？兩條線段，a 與 h，以及一個角 α。如果對幾何作圖並不太陌生，應該會知道，這個問題可以約化成找出一個點的問題：先作出線段 BC，讓它等於 a，然後我們的問題就成了找出 a 的對角頂點 A，如圖 16 所示。事情進展到這裡時，我們有了一個全新的問題。

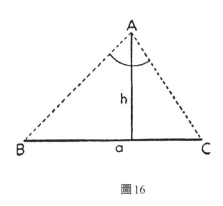

圖 16

未知數是什麼？點 A。

已知數是什麼？一條線段 h，一個角 α，以及兩個點 B 與 C。

條件是什麼？點 A 與線段 BC 的垂直距離為 h，而且 $\angle BAC = \angle\alpha$。

事實上，我們已經同時改變了原問題裡的已知數和未知數。新未知數是個點，舊未知數是個三角形；有些已知數維持不變，例如高 h 和角 α，但是，原本已知的線段 a，現在則成了兩個點 B 與 C。

　　新的問題並不困難。底下的建議,讓我們很快找到線索:

　　把條件的各個部分分開。這個條件包含了兩個部分,一個與高 h 有關,另一個與角 α 有關。也就是說,未知的點必須符合兩個條件:

(I) 它與線段 BC 距離爲 h;

(II) 它是張角大小爲 α 的頂點,而這個角的夾邊必須分別通過 B 點與 C 點。

　　如果我們只保留條件裡的某一部分,而先忽略其他的部分,則無法完全決定未知點的位置。滿足條件(I)的點有很多個;只要是位在平行於線段 BC,且相距爲 h 的直線上的點,都可以滿足這個條件❶。這條平行線是由所有滿足條件(I)的點所組成的軌跡。

　　根據圓周角的性質,我們知道滿足條件(II)的點所形成的軌跡,是以 B、C 兩點爲端點的圓弧。現在,我們已經可以很清楚地描述這兩條軌跡,至於問題所求的點,就是這兩條軌跡的交點了。

　　我們剛剛所採用的步驟,有個很特別的重點,尤其是在解幾何作圖題時,大多可以採用這個相同的模式:把問題約化成要找出一個點,然後把這個點,變成是兩條軌跡的交點。

---

❶ 在線段 BC 所處的平面上,應有兩條線可以與它平行,且相距爲 h。不過,由於題目是要畫出一個三角形,也就是只需要我們找出 A 點,所以,只需考慮其中的一條平行線即可,否則就要考慮它的兩條平行線。

此外，這個步驟還有一個更具一般性的重點：遇到任何類型的「求解題」時，我們也可以採用相同的模式：只保留條件中的某些部分，而移除其他部分。藉由這個做法，我們減弱了原有問題的條件限制，擴大了未知數的可能範圍。這個受限較少的新的未知數會變成什麼樣子？我們可以做何改變？藉由這些提問，實際上我們已經產生了新的問題。

以前面的作圖題為例，原有的未知數是平面上的一個點，新問題裡的未知數，則變成了一條線，是由所有可能的點所組成的軌跡。如果是其他類型的未知數，譬如在第一部第18節裡所討論的正方形問題，則需要適當地把問題描述清楚，精確地掌握這個未知數的特徵。此外，即使不是數學問題（如猜謎語等），從條件的某一部分為出發點，先描述、掌握或列舉未知數的所有可能特徵，再逐次考量，對解題也會很有幫助。

8 在前述第3點的討論裡，我們把「創造」新問題的可能方法，做了一些分類，也就是如何重組原始「求解題」裡的元素，而推導出新的問題。然而，如果我們不只要引進一個新問題，而是需要引進二個、甚或三個新問題時，那麼可能的重組方式就更多了，不過，我們就不在此詳加分類了。

除了新引進問題的多寡之外，還有別的可能變因；特別是當「求解題」的解，需要依靠某些「證明題」的解答時。然而，由於篇幅的緣故，我們在此只能提示出這個重要的可能性，而無法詳加討論。

9 最後，關於「證明題」的部分，只有很少的重點需要說明，而大部分的重點，都類似於先前在「求解題」裡的討論（第2點到第8點）。

原則上，對問題有個整體的理解之後，我們需要依次考慮問題的幾個主要部分，也就是待證明（或推翻）的定理的假設與結論。我們需要很仔細地了解這兩個部分：假設是什麼？結論是什麼？如果還需要再進一步思考細節，就可以試著**把假設分成幾個不同的部分，然後分別考慮**。再接下來，我們也許可以開始分解問題，逐步把問題拆解成更小的問題。

把問題分解完之後，我們就得試著把這些拆開過元素，以稍微不同的方式，重新組合起來。譬如說，我們把這些元素，重組成一個新的定理。從這個觀點來看，具體的做法可以有三種可能性：

(1) **讓結論保持不變**，只改變假設。我們要試著去找一個相同的定理：仔細看結論！然後想一想有沒有哪個定理有相同或相似的結論。如果我們無法回想起，或是找不到這樣的一個定理，就需要自己去創造一個：能否想到什麼別的假設，可以讓我們很容易地導出相同的結論？我們也許需要稍微改變一下假設，但這個改變，還是只能「移除」而不能增加任何東西：只保留某部分假設，而移除其他部分，如此一來，想想是否還能導出相同的結論？

(2) **讓假設保持不變**，而只改變結論：你能否從相同的假設，推導出什麼有用的東西來？

(3) **同時改變假設和結論**。只有當前述兩種方法都不怎麼成功時，我們才會想去嘗試這個比較極端而有風險的做法。你能否改變假設，或改變結論，在必要的情況下，甚至同時改變這兩者，使得新的假設與新的結論，彼此能更接近一些？

如同前述「求解題」的情形，假使我們不僅要引進一個新問題，而是需要引進二個甚或三個新問題時，或是當「證明題」與「求解題」的解，彼此有密切的關係時，分解與重組問題的可能方式就更多了，我們就不在此詳加討論了。

定　義

某個名詞或術語的定義，是另外用一般大家比較熟悉的語言，把這個名詞或術語的意義說清楚。

1 數學裡有兩種**專有名詞**。第一類是大家接受都的「原始名詞」，是不再加以定義的。另一類是「衍生名詞」，它們必須有恰當的定義方式，也就是說，它們必須以原始名詞，以及其他已經經過正式定義的名詞來定義。

以幾何為例，一些很原始的概念，例如點、線、平面等，就沒有下過很正式的定義❷，然而對於像「角平分線」、「圓」或「拋物線」等，就都具有很正式的定義。

以「拋物線」的定義為例：拋物線是某些點所成的軌跡，這些點到某一定點的距離，與到某一固定直線的距離相等。這個定點稱

為焦點,這條固定直線稱為準線。這裡已經假定的前提是:所有的元素都位在同一個平面上,而且這個定點(焦點)不在該固定直線(準線)上。

在做上述的定義時,我們不預期讀者應該知道「拋物線」、「焦點」與「準線」這些被定義的名詞的意義。然而,我們卻假定讀者已經知道其他名詞,例如:點、直線、平面、點與直線的距離、定點、軌跡等等的意義了。

2 一般字典裡對某個字的定義,在形式上看起來,跟數學的定義很像,但在精神上卻有很大的差異。

字典作者所關心的,是某個字詞的現行意義。他當然必須「接受」這個字的現行意義,然後以最簡潔的方式來表達它的涵義。

數學家並不關心某個字詞的現行意義;至少不是主要的關心對象。諸如「圓」、「拋物線」或其他這類專門的術語或名詞,在日常對話中的意義,數學家並不很關心。數學定義的目的在於「創造」數學意義。

---

❷ 在這裡,我們說「沒有正式的定義」,其實是不同於歐幾里得以及當時的許多古希臘學者,他們其實還是下很多功夫在定義這些名詞上。不過,這些定義並不很嚴謹,比較接近直覺式的描述。話雖如此,這些描述還是非常重要的,尤其在數學教學上。

3 範例：已知一拋物線的焦點與準線，作一直線與該拋物線的交點。

不論要解決哪種問題，我們所採用的方法，一定會取決於我們目前所擁有的知識。要如何解答眼前這個題目，最主要的關鍵是我們對拋物線的性質，有多麼了解。如果對拋物線有不錯的認識，我們便會試著妥善運用這些知識，並從中取得有用的東西，例如：你可知道什麼有用的定理？或任何相關的問題？

但是，如果我們對拋物線、焦點或準線這些名詞，所知不多的話，就會感覺渾身不對勁，只想快快把它們甩開。那麼，要怎麼樣才能把它們甩開呢？我們先來看一段師生之間的對話。他們已經決定好要引進一些合適的符號：P 是這個未知的交點，F 是拋物線的焦點，d 是準線，c 則是與拋物線相交的直線。

「未知的是什麼？」

「P 點。」

「有哪些是已知的？」

「兩直線 c 與 d，還有焦點 F。」

「條件是什麼？」

「P 點是直線 c 與拋物線的交點，而這條拋物線的焦點為 F，準線為 d。」

「沒錯，你說得對！我知道拋物線對你來說有點陌生，不過，我想你可以試著說說看，什麼是拋物線？」

「拋物線是那些與焦點及準線等距離的點形成的軌跡。」

「是的。你把定義記得很清楚。說得完全正確，但是，我們要怎麼使用這個定義呢？讓我們回到定義上：根據拋物線的定義，請說

說 P 點應該有什麼特別的地方？」

「因為 P 點在拋物線上，所以，P 點應該與 c 和 F 等距離。」

「非常好！把這個想法用圖形畫出來。」

學生此時畫出了圖17，並描出了 PF 和 PQ 兩線段，其中 PQ 是垂直於 d 的線段。

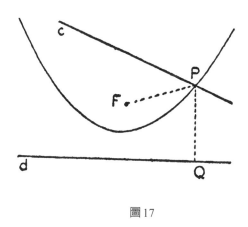

圖17

「好，現在你能不能把題目換句話說說看？」

「……」

「你能不能利用剛剛新畫出來的線段，把題目的條件換個方式說說看？」

「P 點位於直線 c 上，而且滿足 $PF = PQ$。」

「好，那能不能請你用自己的話，解釋一下 PQ 是什麼？」

「P 點到 d 的垂直距離。」

「很好，那你現在能不能把題目換句話說說看呢？記得要用簡短的方式說。」

「在已知直線 c 上，找一點 P，使它與已知的點 F 與已知的直線 d，有相等的距離。」

「看看我們有了多大的進步！剛開始的敘述裡充滿了不熟悉的專有名詞，例如拋物線、焦點、準線等，好像在炫耀多麼有學問似的；現在呢，所有令人討厭的專有名詞都不見了；你已經成功地簡化了問題。非常好！」

4 在前面例題中，最主要的努力成果就是**消除了專有名詞**。我們原先是用一些拗口、生硬的術語（拋物線、焦點、準線）來陳述問題，到最後，則可以完全擺脫這些專有名詞，把問題重新敘述一次。

想要消除專有名詞，我們必須要知道它的定義。但是，光知道定義還不夠，必須要能「使用」定義。以前面的例子為例，光記得拋物線的定義是不夠的。**關鍵步驟**，是在圖中引入 PF 與 PQ 這兩條線，而拋物線的定義則決定了這兩條線的長度大小。這是一個典型的步驟：我們把一些新的元素引進到問題裡，然後，根據定義，看看這些元素之間存在什麼關係。如果這些關係，能充分地顯示出原問題的意義，那麼我們便成功地使用了定義，自然也就能成功地消除專有名詞。

剛剛描述的這個步驟，就是：回到定義。

藉由回到定義，我們可以引進新的元素，建立新的關係，從而消除不必要的專有名詞。這個做法，會改變我們對問題的理解，也可能在解題工作中，扮演重要的角色。無論如何，把題目稍加重新敘述，或改變一下問題（頁259），對解題工作的進展都會有幫助。

5 **定義**與**已知的定理**。如果我們只知道「拋物線」這個詞，也對它的形狀有一點模糊的概念，除此之外就一無所知了，那麼，我們所具有的知識，是不足以解答剛剛所舉的那個例題，也無法解決其他與拋物線有關的正式問題。那麼，我們究竟需要哪一種的知識，才能來解決這些問題呢？

整門幾何學，可以想成是一門由公理（或公設）、定義、定理所組成的學問。在「公理」的層次，並不會討論到拋物線，而只會討論點、直線這類最基本、最原始的概念。凡是涉及到跟拋物線有關的理論或問題，都必須運用到定義或定理。要解決這類的問題，定義是最基本的必備知識，當然，能多知道一些相關的定理，會更有幫助。

我們剛剛以拋物線為例所做的討論，對其他所有的衍生名詞或衍生概念，也都完全適用。只是，在解題之初，我們無法立刻知道所需要的是定義或是定理，然而，可以確定的是，我們至少需要其中之一。

然而，在某些情形下，我們別無選擇。假設我們只知道某個概念（或名詞）的定義，而不知道任何其他的定理，那麼我們唯一能做的事，就只能運用定義而已。如果我們連對定義本身都不熟悉，那麼唯一能做的事，就是回到定義，好好想想定義的含意。然而，如果我們知道而且熟悉與該概念相關的許多定理，那麼，我們也許能找到一個相關的定理，並直接用來解題。

6 **多個定義**。「球」通常定義為，與某定點等距離的所有點所成的軌跡。（這些點現在是在空間中，而不只是在平面上。）然而，球也可以定義為，某個圓繞著它的直徑旋轉所形成的表面。此

外,還有很多其他關於球的不同定義。

當我們必須求解與「衍生概念」(如球、拋物線)有關的問題,而且需要回到定義上思考時,我們往往需要在多個定義當中,選擇其一。關鍵點當然就是要找出最合適的那個定義來。

回到阿基米德時代,想求出球的表面積大小,可是一大難題。阿基米德必須從我們剛剛所列的球的定義裡,挑出一個合適的定義來。他傾向於後者,把球定義成是由圓繞著直徑旋轉而形成的表面。然後,基於這個想法,他在圓的內部,引入邊數為偶數的內接正多邊形;圓的直徑,也就是該正多邊形的對角線(相對兩頂點的連線)。當正多邊形的邊數增加時,它會更近似於圓,兩個一起旋轉,就形成了一個凸面,可以作為球面的近似。

要計算這個凸面的表面積時,只需在垂直於原旋轉直徑的方向,凡遇到正多邊形與圓的接點處,便以平面切割過去,整個凸面就可以切割成兩個圓錐體(分別以原直徑兩端點為頂點),以及位在這兩個圓錐體之間的很多個截頭體。阿基米德就是用這個凸面來計算球的表面積。然而,如果我們把球想成是由與某定點等距離的點所成的軌跡,就沒辦法像阿基米德得出這樣簡單的近似。

7 重新回到定義,除了有助於引發新的想法或觀點,在檢核解答過程中,也扮演了很重要的角色。

假設有人宣稱,對於阿基米德求解球表面積的問題,他有一個全新的解法,我們就得思考一下,如果他對於球只有模糊的概念,那麼他的解答一定好不到哪裡去。如果他對球有很明確的概念,但卻無法把這個概念應用到他的論證裡,那麼我們其實無法判斷他的概念究竟為何,而且,他的論述也必定不怎麼高明。因此,注意聽

他的論述，看看在他的論述中，有沒有明確地說出球的重要特性，以及恰當地把定義或定理應用在解題上。只要不符合這些要求，他的解就一定不夠好。

所謂「嚴以律己」，我們不能只用這個態度去檢查別人的解，對我們自己的解，也需要抱持相同的嚴謹態度。題目中所有相關的重要概念，你是否考慮周全了？你如何運用這些概念？對題意了解嗎？是否運用了定義？是否運用了基本事實或已知的定理？

巴斯卡（Blaise Pascal, 1623-1662）曾強調「回到定義」在檢核論證是否有效上的重要性：「要在腦袋裡用定義的事實，去取代被定義的名詞。」另一位數學家**阿達瑪**（Jacques Hadamard, 1865-1963）則強調「重新回到定義思考」在構思新論證上的重要性。

8「回到定義」是一個重要的心智活動。如果我們好奇為什麼某個名詞的定義會如此重要，那麼不妨先想想文字本身的重要性。如果不使用文字、記號、符號或類似的東西，我們的腦袋其實很難去思考事情。因此，文字與符號是很有威力的。古代的原始人深信文字和符號是具有法力的，我們可以理解這個想法，不過，當然不能也跟著這麼想。我們應該知道，文字的「法力」並不存在於巫師所製造出來的特異聲調裡，而在於這個字提醒我們去注意的意義，更重要的是，這個意義背後所根據的事實。

因此，尋求文字背後所隱含的意義與事實，是再正確不過的做法。數學家以「回到定義」的方式，來掌握專有名詞背後的數學對象，與其彼此間的關係。就像物理學家真正想掌握的，是隱藏在專有術語背後的實驗事實；也像一般稍具常識而且實事求是的人，不喜歡咬文嚼字，或讓拗口的術語給「唬弄」。

笛卡兒

笛卡兒（René Descartes, 1596-1650）是位偉大的數學家和哲學家。關於解題的方法，他曾試著要提出一個可以放諸四海皆準的方法，可惜只留下了《指導理智的規則》的未完成手稿 ❸。這些論述的手稿片段，在他死後才出版，關於解題的部分，比起他著名的《方法論》一書，著墨更多，也更有趣；雖然《方法論》是比較後期的作品。

底下這段話，似乎描述了笛卡兒寫《指導理智的規則》這本書的動機：「在我年輕的時候，當我聽到有什麼極具創意的發明，我也會試著自己發明看看，甚至完全沒有去參考原作者的論文，就自己試了起來。在這些創造發明的過程中，就某種程度而言，我發覺自己遵循了某些特定規則。」

---

❸ 譯注：笛卡兒從 1619 年便開始寫《指導理智的規則》（*Rules for the Direction of the Mind*），內容是關於思考數學、科學與哲學問題的方法，他計畫有 36 條規則，但最後只寫下了其中的 21 條。

決心、希望與成功

　　若把解題想成只是單純的「智力活動」，其實是一種錯誤。決心與情緒，也扮演著很重要的角色。對一般課堂上例行性的作業或習題，也許不需要太大的決心與毅力。然而，如果想解答一個嚴肅的科學問題，沒有相當的意志力，是絕對經不起長期的辛勞，以及不斷的挫折。

1　決心常在希望與絕望、滿意與失望之間擺盪。當我們知道距離解答已經不遠時，持續工作的決心並不難維持；困難的地方是，當我們感覺解答還遙遙無期時，持續工作的熱情或決心，就比較難維持了。當我們的計畫終於實現的時候，感覺令人雀躍。然而，當我們原本滿懷著信心去做一件事，卻忽然發現行不通的時候，感覺實在令人沮喪，希望能成事的決心也會開始動搖。

　　「只問耕耘，不問收穫」也許代表著一份堅強的意志，或尊貴清高的人格特質，然而，這並不適合用來描述科學家；因為，每一個研究工作的起源，都有一份期待，而且在過程中，需要不斷有一些小成就，才能讓工作得以持續下去。

　　在科學研究的工作中，針對可能的前景，把決心作有智慧的分配，往往是必需的。對一個問題感興趣時，決定動手去研究；覺得這是個有意義的問題時，自然會認真以對；覺得這是個大有可為的問題時，更要積極投入，期待把答案找出來。

　　設定了目標之後，必須毫不放鬆地努力到最後，然而，也大可不對自己太嚴格，給自己找額外的麻煩。也就是說，不要輕忽了解答或研究過程中的小進展，相反地，要去追求這些小成就：**如果一時無法解決眼前這個問題，試著先從其他相關的問題開始。**

2 當學生犯了愚蠢的錯誤，或是進度極端緩慢的時候，通常都只有一個原因，就是他已經完全失去了解題的動機，甚至不願意好好地來了解問題，因而根本就不了解問題。所以，若老師有心要幫助學生，那麼第一件該做的事，就是重新點燃學生的好奇心，讓他重拾解題的意願。老師也應該給學生一點時間，讓他下定決心，並沉靜下來，重新投入解題的工作。

　　教學生解題，其實是一種意志力的教育。特別是當求解的問題有個難度時，學生必須學會忍受挫折，欣賞過程中的小成就，等待關鍵想法的出現，並在時機成熟時，放手一搏，全力以赴。假設學生在學校裡，完全沒有從解題的經驗中，體會過這種種的情緒波動，那麼我們可以說，他所受的數學教育很失敗。

診　斷

診斷是教育學裡的一個專有名詞，意思是「仔細地分析學生的表現」。打成績或打分數，當然也是分析學生表現的一種方式，但是卻稍嫌草率了些。當老師希望改善學生的表現或學習成就時，光只有打分數是不夠的；老師此時得像個醫生一樣，仔細地去「診斷」（分析或檢查）學生表現中的優缺點。

在此，我們只把注意力放在學生的解題活動上。我們該如何來分析或評斷，學生的解題是否有效率？也許我們可以利用解題的四個階段來做分析。事實上，學生在這四個階段裡的行為，是很不一樣的。

由於不夠專心，以致於不了解問題，是最常見的問題。在構思解題計畫，尋求好點子的時候，有兩個彼此相反的錯誤常會發生。有些學生在完全沒有任何計畫或想法的情況下，就急忙開始詳細地計算或論述。另一些則是傻傻地等待好點子的來臨，卻不知道該做些什麼，來幫助好點子的出現。**實際執行解題計畫時，最常見的問題是粗心大意，沒有耐心地逐步檢查每一步驟**。最後，缺乏驗算，可說是最為常見的問題。當解答一出現，學生就迫不及待地丟開鉛筆，根本不去考慮答案是否合理。

如果老師能仔細地診斷學生的解題過程，找出解題時的缺失，那麼，適當地應用我們在「提示表」裡所列舉的提問和建議，往往可以「治療」這些缺失。

你是否使用了所有的已知數？

　　隨著解題工作的開展，知識也會隨著增加，所以到了解題工作的後期，我們對題目的了解，和剛開始時相比，會有很大的不同（請參閱第202頁的進展與成就第1點討論）。然而在解題的過程中，情形是如何呢？我們是否已經有了我們所需要的東西了？對題意的理解恰當嗎？你是否使用了所有的已知數？是否考慮了所有的條件？（對證明題而言）你是否使用了所有的假設？

1　我們再以第一部第8節裡的「長方體問題」（以及後續在第10、12、14、15節裡的討論）為例。學生可能很快就計算到某一面的對角線長度等於 $\sqrt{a^2+b^2}$，然後就卡在那裡，不知道下一步該怎麼辦。如果老師適時詢問「你是否使用了所有的已知數？」極少有學生看不出來，$\sqrt{a^2+b^2}$ 這個式子裡少了第三個條件 c。因此，他會開始去思考該怎麼把 c 代進解答裡。所以，他也就較有機會發現，$\sqrt{a^2+b^2}$ 與 c 是某個直角三角形的兩股，而這個三角形的斜邊，正是我們想要求解的長方體對角線。（在第84頁的輔助元素第3點討論裡，有另外一個例子。）

　　我們在此討論的這些提問是很重要的，在前述的例子中，清楚地展現了它們對解題工作的幫助。這些提問可以幫助我們發現對題意不夠了解的地方，或指出遺漏的重要元素。當我們知道遺漏了某個元素時，自然會想辦法去利用它、把它包括進來。因此，這讓我們多了一道線索，有更明確的方向可以依循，也讓我們更有機會產生關鍵的想法。

2 我們在此討論的這些提問，不僅對論證的形成有幫助，對於計算與論證的檢核，也很有幫助。具體來說，假設我們現在要檢驗某個定理的證明，這個定理的假設包含了三個部分，每個部分都非常重要，移除其中的任一部分，這個定理都無法成立。因此，如果在證明的過程中，忽略了任何一部分的假設，那麼這個證明本身就是錯的。這個證明是否使用了所有的假設？它是否使用了假設的第一部分？在何處使用？又，它在哪裡使用了假設的第二部分？第三部分？若能回答這些提問，我們便有效地檢核了這個證明。

這樣子的檢驗過程不但是有效的、有意義的，當論證的過程冗長而複雜時，這也幾乎是必需的。聰明的讀者（見257頁）應該都知道要這麼做。

3 我們在此所討論的這些提問，目的是自我檢核，看看對題目的理解是否完整。如果我們沒有考慮到題目裡每一個重要的數據（已知數）、條件或假設，對題目的理解顯然還不夠完整。此外，題目裡的某些專有名詞或術語，如果我們沒能掌握它們的意義，也不能算是完整了解題意了。因此，若要檢核我們自己對題意的理解，除了前述的提問之外，還應該要問：你是否已經把題目裡所有相關而且重要的專有名詞，都考慮過了？

4 然而，前述的三點討論，其實是有些限制的。事實上，若要直接運用前述的提問與建議，前提，問題必須是「合理的」，而且也有「清楚明確的陳述」才行。

一個陳述清楚而且合理的「求解題」，需要有解題必需的所有數據（已知數），但沒有不必要的多餘數據；而且，條件必須剛好足夠，不需要過多，也不能彼此矛盾。在求解這麼一個問題時，當然要把所有的已知數和條件，統統都派上用場。

所謂的「證明題」，其實就是數學裡的定理。如果問題的陳述清楚且合理，那麼假設中的每一個條件，都與最後的結論息息相關。在證明這樣的一個定理時，我們當然得用上假設裡的每一個條件。

傳統教科書裡提出的數學問題，應該都屬於陳述清楚且合理的問題。不過，我們也不應該太過信賴教科書，只要有一點點懷疑，我們就要想：這個解能否滿足所給的條件？（第166頁）試著回答這個問題，或其他類似的問題，如此一來，至少我們可以確信，我們正在解的問題，是個好問題。

只有當我們能確定（或至少不懷疑）所求解的問題，是個陳述清楚且合理的問題，此處建議的提問或思考方向，才能不加修改地直接套用。

5 有些非數學問題，在某種程度上，似乎也有「清楚的陳述」。例如，好的棋局問題理應只有一個解，而且棋盤上不會有多餘的棋子，諸如此類的問題。

然而，大多數實際問題（第194頁）的陳述，都不是那麼清楚，因此在求解這類的問題時，對本節所討論的提問與建議，需要好好地重新思考它們的適用範圍。

你知道什麼相關的問題嗎？

　　我們實在很難想像會有個全新的問題，它與所有已知的問題都不相像或沒有關聯。假設真的有這麼一個問題存在，那麼它大概會是個無解的問題。事實上，我們在解題時，總會得助於先前已經解過的問題，不論是解答本身，或是解題的方法與經驗。此外，這個有益的問題，必然和我們正在解的問題有所關聯。所以，我們會很自然問出：你知道什麼相關的問題嗎？

　　通常，要回憶起與眼前待解問題多少有點關聯的問題，並不太困難。相反地，我們可能會找到太多相關的題目，而不知道要挑哪一個才好。所以，真正有幫助的問題，是要與眼前問題密切相關的。比較具體的做法是，我們要仔細看未知數（第168頁），或是看看有什麼題目，與眼前的問題經過一般化、特殊化或類比之後所產生的問題，有所關聯。

　　我們在這個段落所討論的提問，目的是希望能運用已經學會的知識（參閱第202頁的進展與成就第1點）。很大一部分的數學知識，就儲藏在正式證明過的定理裡。因此，類似「你可知道什麼有用的定理？」的提問，對「證明題」來說，是非常恰當的。

畫個圖

　　參閱圖形（第145頁）一節。引入合適的符號；參閱符號與記法（第179頁）一節。

檢查你的猜測

你對某件事的猜測，可能是正確的，但是直接把猜測等同是經過證明的真理，卻是愚不可及的做法；只有天真無知的人才會這麼做。因為你很可能會猜錯。然而，完全忽視、不理會任何的猜測，一樣也是個錯誤的做法，就像很多迂腐的學究常做的事。

仔細去檢驗某一類猜測或猜想的正確性，絕對是件值得做的事：當我們對某個感興趣的問題，用心理解、也仔細考慮過很多因素之後，所產生的猜想，是值得去檢驗的。通常，這種猜想都有相當高的正確性，不過卻也很少是完全正確的。然而，若知道如何恰當地檢驗這類的猜想，往往可以就此得出整個真理。

很多的猜想雖然最後會證明是錯的，但是這些猜想往往也會幫助我們朝著正確的方向，更進一步。

沒有任何的想法是不好的想法，除非我們不經批判就接受所有的想法。相反地，「一點想法也沒有」才是真正不好的事。

1 不該做的事。底下是一則關於瓊斯先生的故事（純屬虛構）。瓊斯是位普通的白領階級，期望公司能幫他加薪，不過就如以往的結果一樣，這次他的希望還是落空了。他有不少同事都調薪了，就只有他沒有，他實在無法冷靜地接受個事實。左思右想了很久，最後他終於懷疑，是他的部門主管布朗先生讓他無法加薪。

我們不能怪瓊斯有這樣的懷疑。的確也有很多的徵兆，讓布朗顯得可疑。然而，真正的錯誤是，一旦瓊斯認為是布朗搞得鬼，對所有有利於布朗的證據，瓊斯就會開始視而不見。他的焦慮，讓他

堅信布朗就是他的頭號敵人,並開始有許多愚蠢的行為,差點就真的把布朗變成敵人。

瓊斯先生的問題跟大多數人的通病一樣:從不會去改變自己既有的成見。雖然他偶而會突然改變一些想法,但是,不論想法是大是小,只要一有想法,他便堅持己見,剛愎自用,從來不會去懷疑、質疑,或帶著批判的眼光來自我審視;特別是去批判自己的想法,如果他知道「批判」是什麼意思的話,他一定會恨死了這件事。

瓊斯先生的行為,多少是情有可原的。他工作繁忙;不論是家裡或辦公室,他都很忙碌。只有很少的時間,讓他可以思考或分析自己的想法。即使是最佳狀況,他也只能好好想想幾個疑點而已,問題是,在忙到根本沒時間的情況下,他為什麼要自找麻煩,再去懷疑自己的想法?

然而,不管怎麼說,我們都不應該學習瓊斯先生的行為。不要縱容你的懷疑、猜想或臆測,讓它們變成是你根深蒂固的成見。無論如何,就理論來說,即使是最好的想法,只要是不加思索地全盤接受,也會折損這個想法的價值;只有經得起批判及檢驗的想法,才是真正的好想法。

2 **數學的例子:對相同的周長來說,哪一種四邊形的面積最大?**
未知數是什麼?某一種四邊形。

已知數是什麼?此四邊形的周長。

條件是什麼?以相同的周長而言,所求出的四邊形須比其他類型的四邊形有更大的面積。

　　這個問題非常不同於一般的初等幾何問題，因此，我們很自然地要從「猜猜看」開始。

　　哪一種四邊形會有最大的面積？什麼樣的猜測會最簡單？我們也許聽說過，對相同的周長來說，圓形可以圍出最大的面積；我們也許能猜到這應該是個合理的敘述。那麼，現在的問題變成，哪一種四邊形的形狀最接近圓形？就對稱性來說，哪一種形狀最接近圓形？

　　正方形當然是最自然的猜想了。如果要認真地對待這個猜想，我們得先知道它的意義是什麼。我們要有勇氣，把它陳述清楚：「在所有周長相等的四邊形中，正方形所圍出來的面積最大。」如果我們決定要好好地檢查這個敘述，那麼情況就開始有點不同了。原本我們有一個「求解題」，有了這個猜測之後，我們就變成有了「證明題」：必須去證明剛剛描述的這個定理是否正確。

　　如果我們完全不知道有什麼類似的問題，那麼情況可能有點麻煩。如果你不知道如何解眼前的問題，先試著解其他相關的題目。或者，你能先解部分的問題嗎？想想看，在所有的四邊形中，如果正方形有點特別，那麼對所有的長方形來說，正方形也會是個特殊的例子。所以，在原有的問題中，至少有一部分我們可以先證明看看：「在所有周長相等的長方形中，正方形所圍出來的面積最大。」

　　這個定理證明起來似乎容易多了；當然，它的威力也小多了。但無論如何，我們要了解它的意義，也要把它陳述得更清楚些。我們可以藉助代數語言的優點，把它的細節說清楚。

　　邊長分別為 a 與 b 的長方形，面積為 ab，周長為 $2a + 2b$。有相同周長的正方形，邊長就是 $\dfrac{a + b}{2}$。因此，它的面積為 $\left(\dfrac{a + b}{2}\right)^2$。依照我們的猜想，它的面積應該大於長方形，也就是說，

$$\left(\dfrac{a + b}{2}\right)^2 > ab$$

我們怎麼知道這個式子會成立呢？把它稍微化簡一下，可得

$$a^2 + 2ab + b^2 > 4ab$$

再移項

$$a^2 - 2ab + b^2 > 0$$

此時，我們可以很清楚地看出這個式子是成立的。因為，

$$(a - b)^2 > 0$$

除非 $a = b$，否則這個不等式必定成立，也就是正方形的面積會大於長方形的面積。

　　雖然我們還沒有解決原本的問題，但是，光靠一點猜想，並認真地處理這些猜想，我們就已經有了一些不錯的進展。

圖 形

圖形不只是幾何上討論的對象而已，在求解許多與幾何無關的問題時，它也很有幫助。在此，我們有兩個重要的理由，來討論圖形在解題時所扮演的角色。

1 如果我們要解的是幾何問題，那麼當然得考慮圖形。它可能是我們腦袋裡想像的圖形，或是一個已經具體畫在紙上的線條。在某些特定的情形下，想像的圖比畫出來的好，然而，當我們需要仔細逐步考慮很多細節時，畫出來的圖，就比只在腦袋裡想像的好多了。因為我們無法在腦袋裡同時容納太多的細節，但是，只要把圖繪出來，它們就都在紙上了。只在腦袋裡所想像的圖形，很容易會遺忘或疏忽一兩個小細節，當把圖繪在紙上時，則不會有這個問題。

2 現在，我們更具體地來討論，圖形在幾何作圖題裡所扮演的角色。

我們得畫個圖，才能開始考慮題目中的各項細節。我們所畫的圖，必須包含未知數、已知數，以及條件所描述的各個要素。為了要清楚明確地了解問題，我們需要逐步而且分開地考慮每一個已知數，以及條件裡的每個部分；然後，再把這些個別的考慮整合起來，作整體的思考，看看各個不同的元素之間有哪些關聯。若不在紙上把圖形畫出來，很難去處理這麼多的細節。

　　另一方面，在確實得出解答之前，誰也不敢肯定，這個圖是否真的能畫得出來。我們怎麼能確定，有個解答真的可以滿足題目中所有條件的要求？在得出解答之前，當然沒有人可以肯定地回答「是」。不過，一開始我們還是得在圖上，把題目所給的已知條件畫出來，如此一來，我們似乎完成了一個未經證實的假設。

　　其實，還沒有這麼快。但也未必不是。不要把單純的可能性與確定性混為一談；在思考問題時，我們所考慮的，只是能滿足已知數和種種條件的一個「可能」的解答而已。就像法官在詢問嫌疑犯時，他會把嫌疑犯在偵訊時所說的供詞，當成是假設，而不會很快地就相信或認定這個假設是真的。數學家和法官很像，在檢驗假設時，都必須拋開成見，先持保留態度，直到有確定的證據或結果出現為止。

　　驗算作圖題的方法，是依照所給的條件，先畫出簡圖。這個做法得自帕普斯的啟示：「把希望做到的事，想成已經做好了。」我們可以把這句話引申成：「畫一個假想的圖，假設它已經滿足了題目所規定的所有條件。」

　　這當然是個針對幾何作圖題的建議，但事實上，我們也可以應用到求解題上：「檢查某個假想的狀況，假設它已經滿足題目中所有的條件要求。」（可參照第191頁的第6點。）

3　現在，我們來看看實際繪圖時的一些重點。

　　(I) 我們是需要用尺規等工具，精確地畫出圖來，或是徒手大約畫個簡圖即可？

　　這兩種做法，各有優點。原則上，在幾何裡，精確的圖的重要性，就像精密測量對物理學一樣，不過實際上，對幾何學來講，這

個精確程度，沒有像在物理學裡那麼重要，原因是與物理定律相比，幾何定理經過更嚴謹的證明。但是，話說回來，對初學者來說，盡量把圖繪得精確一些，比較容易獲得一些「實驗上」的經驗與基礎；再者，從比較精確的圖，也許可以看出深一層的幾何定理。不過，就推理而言，仔細地徒手作圖，就已經足夠了，而且也比較有效率些。當然，徒手畫出來的圖不能太離譜，譬如，不能把直線畫成波浪線，不能把圓畫成跟馬鈴薯一樣。

　　不夠精確的圖，有時的確會引起一些誤解，還好這個問題並不十分嚴重；只要我們知道一些方法與原則，就可以避開這個危險。首先，我們要知道，圖只是輔助工具，真正的重點在於圖中的邏輯關係。絕對不要把圖作為推理結論的依據，圖中元素的邏輯關係才是真正的重點。

　　(II) 繪圖的重點，是要把各個元素之間的關係畫正確，至於繪圖的先後次序，倒在其次。因此，從最簡單、最方便的次序開始著手。以三等分一個角為例，你需要畫出 α 與 β 兩個角，使得 $\alpha = 3\beta$。如果你從較大的 α 角開始，任意先畫出一個角，那麼想用尺或圓規來畫 β 角，就會比較困難；相反地，如果你先把較小的 β 角畫好，然後要畫 α 角就容易多了。

　　(III) 所繪出的圖形，不能含有多餘的特殊性。除非是題目有特別的要求，否則不能自己加油添醋。例如，直線就是普通的直線，未必要垂直，也未必是相等的兩線段，除非題目有特別規定。在題目沒有明確表示時，也不要把任意三角形畫成是等腰或直角三角形。就字面意義來說，看起來最不像「等腰」或「直角」三角形的三角形，它的內角會是 45°、60°、75° ❹，因此，當題目要你繪出一個「一般」的三角形時，這就是你大致應該畫出的樣子。

（IV）為了要區分出不同線條的不同意義或角色，你可以試著用線條的粗細、虛線或實線，以及不同的顏色等等來表示。對於還不確定是否可以拿來做輔助線的線條，先輕輕地畫上就好。你也可以用紅筆或其他色筆，去強調重要的部分，例如一對相似角等。

（V）對於立體幾何圖形，我們是應該用三維的模型，或是只要畫在紙或黑板上即可。

能有三維的立體模型當然很好，但問題是製作起來相當費事，買起來又很昂貴，因此通常我們都是用畫的，雖然這樣比較難令人印象深刻。對初學者來說，拿厚紙板來做些實驗，是很值得鼓勵的事情。周遭常見的一些物體，常常是用來表示立體圖形的好幫手。譬如鞋盒、磚頭或教室，可以用來表示長方體；鉛筆可以表示圓柱；燈罩可以表示圓錐截頭體等等。

4　在紙上畫個圖，並不是件難事，很容易看，也很容易記。我們一般對平面圖形較為熟悉，相關的問題也就比較容易解。因此，我們可以利用這個優勢，若能把一些不是幾何學的問題，轉化成合適的圖形來表示，在處理問題上，往往會有很大的幫助。

---

❹ 倘若三角形三內角為 α、β、γ，且 $90° > \alpha > \beta > \gamma$。除非這三個角的角度分別是 $\alpha = 75°$、$\beta = 60°$、$\gamma = 45°$，否則，任何兩角的差（即 $90° - \alpha$、$\alpha - \beta$、$\beta - \gamma$）至少有一個小於 $15°$。事實上，我們可證明以下的恆等式會成立：

$$\frac{3(90° - \alpha) + 2(\alpha - \beta) + (\beta - \gamma)}{6} = 15°$$

　　事實上，幾何圖與各種的圖表或圖例，在科學上都有廣泛的應用，不僅僅是物理、化學等自然科學，其他如經濟學，甚或心理學等都是。把問題以合適的幾何圖表示，就是在用圖形的語言來表達問題，是在把所有這類的問題，約化成幾何問題。

　　因此，即使你不是在處理幾何問題，你還是可以試著畫個圖。若能把你的非幾何問題，用清楚的幾何圖形來表示，往往正是邁向解答的重要關鍵。

一般化

　　一般化是把考慮的範圍擴大，從原本的某個對象，擴大到包含這個對象的一組對象上；或是從某個較小的集合，擴展到較大的集合。

1 假設有某個機會，我們看到下面這個等式：

$$1 + 8 + 27 + 64 = 100$$

我們可能會發現一個有趣的規律：

$$1^3 + 2^3 + 3^3 + 4^3 = 10^2$$

現在我們很自然會懷疑，是不是某一系列連續數字的立方和，如：

$$1^3 + 2^3 + 3^3 + \cdots + n^3$$

都會等於某個數的平方呢？有了這個疑問，我們就是做了「一般化」的思考。這是個運氣好的例子，因為它從單一的觀察，就創造出一

個了不起的通則。數學、物理學或其他自然科學裡，存在許多類似的例子；請參閱歸納與數學歸納法（第157頁）。

2 一般化對解決問題可能很有幫助。以底下的空間幾何問題為例：「**已知一直線與一正八面體的位置，試求一個能等分此八面體的體積、且通過已知直線的平面。**」

這個問題看起來也許很困難，但事實上，只要稍微熟悉正八面體的形狀，就可以從底下這個更一般化的問題，找到解題的線索：**「已知一直線與一個具有對稱中心的立體的位置，試求一個能等分該立體的體積、且通過該直線的平面。」**

想等分體積，這個未知平面當然一定得通過該立體的對稱中心，以及題目條件所規定的直線位置。因為這個正八面體有個對稱中心，所以，我們原來的題目就解決了。

讀者一定會注意到，比起第一個問題，第二個問題更具一般性，卻也更容易求解。事實上，我們求解第一題的主要成就，是產生了第二個問題，而從第二個問題，我們體認到對稱中心的重要角色，釐清了這個問題的本質，就在於正八面體有這麼一個對稱中心。

較為一般化的問題，可能比較容易求解。這聽起來可能有點矛盾，不過，看過前面的例子之後，應該不會覺得太奇怪才是。求解特殊問題的主要成就，就是能創造出較具一般性的問題，取得這個主要成就之後，剩下的只是些次要的工作。因此，在我們剛剛的例子裡，真正去求解這個一般化的問題，只是求解特殊問題（原問題）的次要工作。

請參閱發明者的悖論（第165頁）。

3 設有題目：「**一個底為正方形的截頭角錐臺，若下底邊長為10英寸，上底邊長為5英寸，高為6英寸，求其體積為何？**」如果我們把10、5、6這三個數值，以 a、b、h 等符號來取代，我們就是把原題目一般化了。我們得出一個比原題目更一般化的題目：「一個底為正方形的角錐臺，若下底邊長為 a，上底邊長為 b，高為 h，求其體積為何？」

這種一般化的做法，可能很有用；因為我們把「算術」問題，轉換成「代數」問題，如此一來，我們便有了更多的方式，可以處理問題，例如改變已知數等。此外，我們也有更多的方法，來驗算或檢核結果。請參閱「你能驗算結果嗎？」（第98頁）第2點討論，以及「改變問題」（第259頁）的第4點討論。

你以前見過它嗎？

在面對一個問題時，我們很可能以前就解決過相同的問題，或是聽說過這個問題，或是解決過類似的問題。前事不忘，後事之師。這些可能性，是我們應該去探索的。你以前見過它嗎？或是見過相同、但呈現方式稍微不同的問題？即使答案是否定的，從這裡開始思考，也有助於幫我們找出一些有用的知識。

為了要得出解答，我們要盡可能地從記憶中，找出與問題相關的元素，也要盡力去喚醒沉睡的記憶中，所有恰當的相關知識（參閱第202頁的進展與成就）。當然，我們無法事先預知哪些知識是相關的；然而，我們卻不應該先放棄去探索這些可能的知識。

　　因此，若眼前問題有某個特性，曾出現在另外一個問題的解答中，那麼，它也極可能有助於求解目前的問題。因此，留意眼前問題的每個特徵，只要看起來有點重要的，就不要忽略。這個特徵是什麼？你對它熟悉嗎？你以前見過它嗎？

這裡有個已經解決過的相關問題

　　這是個好消息：有個你已知解答的問題，而且與眼前的問題相關，我們當然很歡迎！如果二者不僅關係密切，而且解法容易，那就更歡迎了。這樣的一個問題，很有可能可以幫助我們解決目前的問題。

　　我們在此舉一個典型而重要的情形來討論。為了要能清楚地呈現這個特點，我們把它和「輔助問題」做個比較。這兩個情形相同的地方是，我們希望能解決問題 A 而引進問題 B，而且我們希望經由考慮問題 B 的解，能得出有益於解決問題 A 的想法。

　　不同的地方是我們與問題 B 的關係。在此，假設我們成功地找到一個「舊問題 B」，我們雖然知道它的解，卻還不知該怎麼運用這個問題。至於輔助問題方面，則是我們成功地創造出一個「新問題 B」，而且我們知道（至少是強烈地猜想）該怎麼運用，但還不知道該怎麼解。

　　由問題 B 所產生的困難點，就造成了上述兩個情形的主要差異。只要克服了這個難處，運用問題 B 的方式就沒什麼不同了；我們可以使用解答本身或解法（如同在第 89 頁的輔助問題第 3 點所解釋的）。而且，如果我們夠幸運，可能還可以把方法和解答一併派上用場。

　　我們在此所關注的是，我們知道問題 B 的解，可是還不知道該怎麼用。因此，我們可以問自己：你會使用它嗎？你能使用它的結果嗎？你能使用它的解法嗎？

　　希望能運用已解的問題來求解，會影響我們對眼前問題的理解。由於希望能在新舊兩個問題之間建立起關聯，我們會在新問題中，引進與舊問題中某元素相關的新元素。例如，我們的問題是要找出某個四面體的外接球。

　　面對這個立體幾何問題，我們也許會想起來，曾經解過類似的平面幾何問題，也就是求三角形外接圓的作圖題。然後，我們回想起，在舊的這個平面幾何問題中，我們應用了三角形某邊的垂直平分線性質。

　　很自然地，我們會希望也能在新問題中，引入相似的元素。因此，我們可能會引入對應的輔助元素，也就是該四面體某邊的垂直平分面。有了這個想法之後，便能很快地找出這個立體幾何問題的解答。

　　上述是個典型的例子。從考慮一個已解的相關問題，讓我們知道如何引進某個輔助元素，透過這個輔助元素，又讓我們知道如何把這個已解的問題，應用來求解目前的問題。這就是我們在思索一個已解且相關的問題的主要目標，所以我們會問自己或學生你能否引進某些輔助元素，以便應用於解題的過程？

　　「證明題」的情形，我們已經於第一部第 19 節討論過了，所以不在此重複。

啓發法

　　啓發法（heuristic）是一門學問，涵蓋的範圍很廣但並不很清楚，大體包括邏輯學、哲學與心理學；常見大綱，卻少見詳細的論述，而且在今日似乎是已被遺忘的學問。啓發法的目標，是研究發現與創造的方法與規則。追溯歷史，可以回到歐幾里得時期的著作；而在古希臘時期，埃及學者<u>帕普斯</u>（見186頁）也有一篇重要的文章。

　　在爲這門學問建立比較有系統的努力上，最著名的學者當推<u>笛卡兒</u>（第133頁）與<u>萊布尼茲</u>（第167頁）這兩位偉大的數學家兼哲學家。<u>波爾察諾</u>（第96頁）也有關於啓發法的珍貴論述。您手上的這本小書，就是希望能讓啓發法以現代的方式復活的一個嘗試。請參閱現代啓發法（第174頁）。

　　「啓發」的意思是「幫助發現」。

啟發式推理

　　啟發式推理是一種推理過程，它不是指最終而嚴謹的論證，而是指在解答的過程中，一些暫時的合理臆測，主要目的在於得出問題最後的解答。我們常常不自覺地會用上啟發式推理。在得到完整解答的時候，我們當然必須有百分之百的把握，但是在求得這個解答的過程中，只要是大致合理的臆測，都是可以接受的。在得出最終的解答之前，一些暫時的論證與推理是必需的；就像在樓房完工以前，需要先有鷹架的支持，道理是一樣的。

　　請參閱進展的徵兆（第225頁）。啟發式推理往往以歸納或類比為基礎；請參閱歸納與數學歸納法（第157頁）與類比（第74頁）第8、9、10的討論。

　　啟發式推理本身是件好事。容易發生的缺點是，把啟發式推理與嚴謹的證明混為一談。更糟的是，把啟發式推理當成是嚴謹的證明。

　　在某些科目的教學上，特別是針對物理系與理工學院的微積分課程，如果能對啟發式推理的本質（不論是優點或是缺點）多一點認識，如果教科書也能多呈現一些啟發式推理的過程，那麼這些科目的教學，必然能有大幅的改善。如果能把啟發式推理以有趣而明白的方式呈現，將是件好事；因為它可能會引發一些想法，而這可能可以幫嚴謹的證明作準備。不過，如果啟發式推理以曖昧不明的方式來呈現，可能反倒有害。參閱「為什麼要證明？」（第266頁）。

如果不能解決眼前的問題

　　如果你不能解決眼前的問題，千萬不要覺得太挫折，而要試著從較簡單的問題開始，先讓自己覺得好過一些，然後再去挑戰原來的問題：先從相關的問題開始。別忘了，人類有個優點，就是知道要以繞道、變通的方式，來解決無法直接克服的障礙：當眼前的問題看似無解時，試著創造一些合適的輔助問題。

　　你可否想出一個比較容易解的相關問題？現在，你該做的是去創造一個相關問題，而不僅是去回想這麼一個問題而已。此外，我希望你也已經問過自己：「你是否知道什麼相關的問題？」

　　在提示表中，以「如果不能解決眼前的問題」開頭的段落中的所有提問，都有一個共同的目標，就是要：改變問題（第259頁）。改變問題的做法有很多種，例如一般化、特殊化、類比，以及在分解與重組中所討論的幾種方式。

歸納與數學歸納法

「歸納」是一種從觀察個別事件，而發現一般通則的過程，它不僅可以應用到科學上，也可以應用在數學上。至於「數學歸納法」，則只適用於數學裡，大都用來證明某一類的定理。

可惜的是，這兩個名詞看起來雖然很像，但是這兩個思考的過程，卻沒有多大的邏輯關聯。不過，話說回來，在實際操作上，它們還是有點相關，所以我們常一起運用這兩個方法。我們將以同樣的例子，來解釋這兩個方法。

1 我們無意間看到下面這個等式：

$$1 + 8 + 27 + 64 = 100$$

而且我們也注意到式子裡的平方數及立方數，於是就用一個比較有趣的方式，把上面的式子改寫成：

$$1^3 + 2^3 + 3^3 + 4^3 = 10^2$$

怎麼會這麼巧呢？是不是某一系列連續數字的立方和，就會等於某個數的平方呢？

問這個問題時，我們就像是科學家一樣，在剛發現一種特殊的植物或地形時，很自然地發出一個一般化的疑問。我們這個一般化的疑問，與一系列連續數字的立方和有關：

$$1^3 + 2^3 + 3^3 + \cdots + n^3$$

此時，我們已經考慮到 $n = 4$ 的這個「特例」了。

　　接下來，我們該怎麼辦？和所有的科學家一樣，我們會再去多看看幾個特例。在 $n = 2$ 或 3 時，題目都還算簡單，$n = 5$ 自然是下一個該考慮的特例。在此之前，基於一致性與完整性的考量，我們把 $n = 1$ 的情形，也加進去。把這些例子，妥善地編排，就像地質學家在整理礦物標本那樣，於是我們有了下面的結果：

$$
\begin{aligned}
1 &= 1 = 1^2 \\
1 + 8 &= 9 = 3^2 \\
1 + 8 + 27 &= 36 = 6^2 \\
1 + 8 + 27 + 64 &= 100 = 10^2 \\
1 + 8 + 27 + 64 + 125 &= 225 = 15^2
\end{aligned}
$$

　　實在讓人很難相信，一系列連續數字的立方和，恰好等於某數的平方，這個規律性只是一個偶然現象而已。如果有類似的自然現象發生，科學家也很難懷疑由這些特例所建議出的「定律」是錯誤的。這條一般定律，幾乎已經透過歸納得到證明了。然而，在這方面，數學家的表現會稍微保守一些，雖然在本質上，他們也是採用相同的思維。數學家只會說，經由歸納，強烈地暗示有底下這個定理存在：

最初 n 個數的立方和，等於某數的平方。

2 現在，我們已經注意到這個特殊、也有點奇怪的規律。為什麼一系列數字的立方和，會等於某數的平方呢？

　　在這種情形下，科學家會怎麼處理？他們應該會開始來檢驗這個假設或定律。為了要能檢驗這個假設，他們需要開始一系列的研究工作。譬如說，他們也許會從再多累積一些實驗數據著手；如果我們也想做類似的事情，就得開始檢驗再接下去的幾個例子（$n =$

6、7、……）。或者，他們會重新去檢驗，到底是哪些現象導致這樣的臆測？他們也可能會重新比較這些現象，試著釐清更深一層的規律性，或是尋找進一步的類比等。我們也順著這個思維來研究一下。

讓我們再次檢驗剛剛所列的表，也就是 $n = 1$、2、3、4、5的例子。為什麼所有的和都會是某數的平方？這些平方數有些什麼特徵？它們的底是 1、3、6、10、15。這些底數又有些什麼特徵？是否有更深一層的規律性或類比存在？不管怎麼說，它們看起來似乎有點規律可言。這些數值是怎麼增加的呢？我們發現，連續兩個底數之間的差，也在增加（遞增）：

$$3 - 1 = 2 \qquad 6 - 3 = 3 \qquad 10 - 6 = 4 \qquad 15 - 10 = 5$$

現在看得出來，在這些差之間，存在有明顯的規律性。我們也許可以從這裡，看出這些底數（1、3、6、10、15）之間一個驚人的類比關係：

$$
\begin{aligned}
1 &= 1 \\
3 &= 1 + 2 \\
6 &= 1 + 2 + 3 \\
10 &= 1 + 2 + 3 + 4 \\
15 &= 1 + 2 + 3 + 4 + 5
\end{aligned}
$$

如果這個規律性是普遍成立的（很難相信它只是個特例），我們就可以把原先臆測的定理，改成比較精確的形式：

$$對任意自然數\ n = 1、2、3、……$$
$$1^3 + 2^3 + 3^3 + \cdots + n^3 = (1 + 2 + 3 + \cdots + n)^2$$

3 我們剛剛寫下的式子，是依照歸納所得出來的定律。我們在此所呈現的歸納，免不了有點片段，也不是很完整，然而，我們並沒有扭曲歸納的精神。歸納的主要精神，是希望從觀察中，發現隱藏在其背後的規律性與一致性。最常見的工具就是一般化、特殊化、與類比。我們從試著了解已觀察到的現象開始，藉著尋找存在的類比關係或現象，以及檢驗更多的特殊例子等等，開始逐步提出一些試驗性、暫時性的一般化規律。

　　我們不在此繼續深入討論歸納；其實，在哲學家之間，對歸納的看法，還是存在不少歧異。不過，我們所應該強調的是，很多的數學結果（定理等），都是先透過歸納發現後，稍後再想辦法證明的。我們往往以嚴謹而有系統的演繹方式來呈現數學，然而，很多創造或發現新數學的過程，卻是透過歸納。

4 數學與物理科學一樣，也許都需要透過觀察與歸納，來發現一些普遍的規律或定律。但是，這裡有個重要的差異。在物理科學中，沒有任何高於觀察與歸納的標準，來決定定律的真偽；但在數學裡，我們還需要再經過某種「嚴謹的證明」之後，才能判斷定理的真偽。

　　經歷過這些實驗性質的工作之後，也許該改變一下態度了。現在我們要改用嚴格的眼光，來看待這個例子。我們已經發現了一個有趣的結果，然而我們的推理過程卻只是看似合理、是實驗性質的、暫時的、啓發式的；現在，我們要來試著建立一個明確、嚴謹的證明。

　　我們眼前的問題，已經變成「證明題」了：證明在本節第2點裡所歸納出來的定理。

在開始證明之前，我們先補充一個大家也許早已熟悉的等式，以方便後續的化簡工作：

$$1 + 2 + 3 + \cdots + n = \frac{n(n+1)}{2}$$

驗證這個式子並不難。畫個長方形，使其邊長分別為 n 與 $n+1$，然後如圖18a（以 $n = 4$ 為例），以「鋸齒線」的方式，把長方形分成兩半。每一半都有個「階梯形」的邊界，而它的面積就等於 $1 + 2 + 3 + \cdots + n$；以 $n = 4$ 為例，就是 $1 + 2 + 3 + 4$，如圖18b所示。現在，整個長方形的面積等於 $n(n+1)$，而階梯形的面積等於長方形面積的一半。所以，我們已經證明了這個等式。

接下來，我們可以把原先所發現的結果，化簡成：

$$1^3 + 2^3 + 3^3 + \cdots + n^3 = \left(\frac{n(n+1)}{2}\right)^2$$

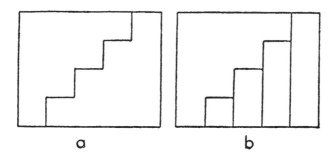

a b

圖18

5 假設我們不知道該怎麼證明這個結果，我們至少可以測試一下它的正確性。我們代入一個尚未測試過的情形，$n = 6$：

$$1 + 8 + 27 + 64 + 125 + 216 = \left(\frac{6 \times 7}{2}\right)^2$$

稍作計算之後，可知上面這個式子是正確的，因為等號兩邊都等於441。

我們可以用更有效率的方式來檢驗。這個式子看起來，應該對所有的數值 n 都會成立。可是，它對 n 的下一個數字 $n + 1$ 也會成立嗎？我們可以把 $n + 1$ 代進式子裡：

$$1^3 + 2^3 + 3^3 + \quad + n^3 + (n + 1)^3 = \left(\frac{(n + 1)(n + 2)}{2}\right)^2$$

現在，問題變成一個簡單的代數問題。把這個式子與原本的等式相減，可得：

$$(n + 1)^3 = \left(\frac{(n + 1)(n + 2)}{2}\right)^2 - \left(\frac{n(n + 1)}{2}\right)^2$$

這個式子當然也不難驗證。把等號的右邊展開，可得：

$$\left(\frac{n + 1}{2}\right)^2 [(n + 2)^2 - n^2] = \left(\frac{n + 1}{2}\right)^2 [n^2 + 4n + 4 - n^2]$$

$$\frac{(n + 1)^2}{4}(4n + 4) = (n + 1)^2(n + 1) = (n + 1)^3$$

由此可以清楚地看出來，我們原本由實驗所發現的結果，已經通過嚴格的測試了。

現在來看看這個測試的意義。我們已經成功地證明了

$$(n + 1)^3 = \left(\frac{(n + 1)(n + 2)}{2}\right)^2 - \left(\frac{n(n + 1)}{2}\right)^2$$

但是，我們還不能確定以下的式子是否成立：

$$1^3 + 2^3 + 3^3 + \cdots + n^3 = \left(\frac{n(n + 1)}{2}\right)^2$$

但是，**如果知道它是會成立的**，我們便可以推論，把這個式子加上我們剛剛證明爲眞的式子：

$$1^3 + 2^3 + 3^3 + \cdots + n^3 + (n + 1)^3 = \left(\frac{(n + 1)(n + 2)}{2}\right)^2$$

也會是成立的。意思是說，相同的定理，對 n 的下一個整數 $n + 1$ **也會成立**。現在，實際上我們已知這個假設，對 $n = 1$，2，3，4，5，6 來說是成立的。從剛剛所得的證明，若該假設對 $n = 6$ 會成立，那麼對 $n = 7$ 也會成立；對 $n = 7$ 會成立，那麼對 $n = 8$ 也必定會成立；同理，對 $n = 9$ 也會成立；依此類推，則對所有的 n 都會成立。所以，我們證明了原本的假設。

 先前的證明，提供了一個很好的證明模式。這個模式的重點是什麼呢？

首先，要把我們想證明的推論，以精確的形式來陳述（一般而言是個等式）。

這個推論必須與整數 n 有關。

這個推論也必須夠「明確」，讓我們可以測試，從 n 推論到下一個整數 $n + 1$ 時，該推論是否仍然成立。

　　如果我們可以證明該推論對 n 成立，從證明過程中所得的經驗，可以幫助我們得出該推論在 $n + 1$ 時也會成立的結論。如果抵達這個步驟，我們就能知道，若該推論對 $n = 1$ 成立，那麼它對 $n = 2$ 也會成立，對 $n = 3$ 也會成立；依此類推，對後面的任何一個整數也都會成立。因此，我們可說是成功地證明了這個推論。

　　由於這個過程實在是太常出現了，所以應該幫它取個名字。譬如我們可以把它叫做「從 n 到 $n + 1$ 的證明」，可惜的是，一般人習慣叫它「數學歸納法」。這個命名並沒有特別的原因。我們所要證明的推論，它的來源不拘，可以是透過任何的推理方式，而未必是透過歸納得到的。只不過，我們剛剛所舉的例子，和大多數的其他例子相同，它的來源是歸納，是經由「實驗」的方式發現的，因此這整個證明方式，可說是歸納法的數學應用；這也解釋了會如此命名的原因。

7 這裡有另外一點需要稍微討論一下。雖然這似乎有點微不足道，但對希望自己找出解答的人來說，卻是相當重要的。

　　在前面，我們從觀察與歸納，得出兩個不同的推論。第一個推論出現在第 1 點的討論中，第二個推論是在第 2 點的討論中；第二個推論比第一個推論來得精確些。處理第二個推論的時候，我們看到可以從 n 證明到 $n + 1$ 的可能性，這讓我們可以運用「數學歸納法」來得出證明。若從第一個推論出發，而且忽略第二個推論所具有的精確性，那麼我們實在很難找出這麼一個證明。事實上，與第二個推論相比，第一個推論比較不精確，也比較不「清楚」且不「具體」，也比較難測試與檢驗。能夠從第一個推論轉換到第二個推論，對於得出最終證明的準備工作而言，是一個重要的進展。

這個情形有點「似非而是」。第二個推論其實比較「強」，它可以立刻蘊涵第一個推論；而稍微有點「模糊」的第一個推論，卻很難蘊涵比較「明確」的第二個推論。因此，比較強而有力的定理，反而比較容易掌握與處理；這就是發明者的悖論。

發明者的悖論

愈富雄心的計畫，愈有機會成功。

這個論點聽起來有點奇怪，但卻是正確的。當我們把某個問題，轉換到另一個問題時，我們常會發現，這個新的、更富企圖心的問題，往往比原始的問題，來得更容易處理。很多個問題湊在一起時，可能反倒比單一的問題來得容易解決；應用範圍較廣的定理，可能更容易得出證明；涵蓋範圍較廣的問題，也可能比較容易找到解答。

不過，再仔細研究幾個例子（請參閱第149頁「一般化」第2點的討論與左頁「歸納與數學歸納法」第7點的討論），就可以發現這個悖論未必成立。「較富企圖心」的眞正含意，並不是單純的浮誇或虛飾，而是在洞察事物的表面現象以外的深一層含意，基於這份眼光與洞察而得出的計畫，才是一個較容易成功的計畫。

這個解能否滿足所給的條件？

題目所給的條件是否足以決定未知數？條件是否不夠？太多？抑或是矛盾？

這些提問通常在解題之初很好用，因為一開始我們還不需要最終的解答，而只是一個暫時性的解答、一個猜測就夠了；請參考第一部第8節與第18節。

若能預見最終解答的某些特徵，當然是件好事。當我們對所期待的東西，有個大致的想法時，會讓我們比較有方向感，知道該朝哪個方向努力。現在，我們要討論的是一個問題的重要特徵：它可能會有幾種解？大多數的有趣問題，都只有一個解；我們在此傾向於把這類問題視為「合理的」問題。從這個角度出發，我們的提問是：眼前的問題「合理」嗎？如果我們能稍微考慮一下這個提問，即使只是猜測一下，也會提高我們對問題的興趣，有助於解題工作。

我們的問題「合理」嗎？在剛開始解題時，如果能稍為考慮一下這個提問，並輕易地得出肯定的答案，那麼這個提問將會有助於我們解題工作。反之，若在解題之初，很難回答或判斷問題是否合理，那麼我們從後續工作中所獲得的困擾，可能會遠大於所獲得的樂趣。同樣地，提問「這個解可能滿足所有的條件嗎？」以及提示表中的同類型提問，也都是相同的道理。我們應該要對自己提出這些提問，因為答案可能很簡單，也很合理。不過，話說回來，如果覺得這些問題很難回答的話，也不需要太鑽牛角尖。

對「證明題」來說，對應的提問是：這個命題是否可能爲眞？或比較可能爲假？從這些提問的問法，很清楚地可以看出來，我們需要的只是暫時的、合情合理的猜測就夠了。

萊布尼茲

萊布尼茲（Gottfried Wilhelm Leibnitz, 1646-1716）是位偉大的數學家與哲學家。他曾計畫要寫一本關於「發明的藝術」的書，不過卻從未完成。雖然如此，我們還是能從他的許多著作中，看出他對這個主題的興趣。例如他曾經寫到：「在我認爲，了解東西是怎麼發明出來的，比起發明出來的這個東西本身，來得重要多了。」

引　理

引理（lemma）就是「輔助定理」，lemma 這個英文字源自希臘文，意思是「被假設的東西」。

假設我們想要證明某個定理，暫稱定理A。由此我們想到另一個定理，暫稱定理B。如果定理B爲眞，我們便可以藉此來證明定理A亦爲眞。此時，我們可以暫時先假設定理B爲眞，由此出發去證明定理A爲眞，然後，再回過頭來證明定理B。由於定理B先被「假設」爲眞，所以，它是定理A的輔助定理。我們在此所描述的，是「引理」最典型的意義。

仔細看未知數

　　這是個歷史久遠的建議。記得你的目標，不要忘了它！時時刻刻想著所希望達到的目的。要目不轉睛，集中精神在你的目標上。集中注意力在我們的目標上，會讓我們考慮各種可能的辦法去完成它。

　　有什麼辦法可以達到這個目標？如何完成這份使命？怎麼樣可以得出這個結果？什麼原因導致這個結果？你是否看過類似的結果？其他人都怎麼來做這件事的？

　　試著想想有什麼熟悉的問題，有類似或相同的未知數？想一想有什麼熟悉的定理，有類似或相同的結論？

　　最後這兩句提問，分別適用於數學的「求解題」與「證明題」。

1 我們先來考慮「求解題」以及對應的建議：「試著想想有什麼熟悉的問題，有類似或相同的未知數？」讓我們把它與另一個提問，「你可知道什麼相關的問題？」，做個比較。

　　後面這個提問比起前面的建議，要來得廣泛與一般些。兩個題目若是有關聯，大致上是有些共同點；二者可能有些共同的對象或概念、相同的已知數，或是部分相同的條件等等。我們的第一個建議只專注一個特別的共同點：相同的未知數；也就是說，兩個問題的未知數，必須屬於同一類型，例如都是線段的長度。

　　相對於比較廣泛而一般的建議來說，比較特殊或範圍較小的建議，還是有其優點。

　　首先，是可以大幅地簡化呈現題目的方式。我們可以暫時先忽略整個問題，而只專注在未知數上。此時，一整個問題就變成：

「已知……，求此線段長。」

　　其次，可以相當程度地簡化可選擇題目的範圍。可能有很多問題都與目前的題目相關。然而，當把注意力集中在未知數時，我們便限制了可選擇的範圍，變成只考慮有相同未知數的問題。此外，在所有有相同未知數的問題中，我們當然是先從最基本、最熟悉的問題考慮起。

2 我們目前的問題變成了：

「已知……，求此線段長。」

　　目前，我們最感熟悉的這類問題是與三角形有關的問題：已知構成三角形的三個條件，求某一邊長。能回想起這個問題，就表示我們已經發現了可能相關的東西：這個問題跟你眼前的問題相關，而且你以前也解過。你能把它運用到目前的題目上嗎？你能利用它的結果嗎？

　　為了能運用三角形裡熟悉的結果，在我們的圖裡，必須要有個三角形。目前的圖裡有三角形嗎？或是我們需要引進一個三角形，才能讓這些熟悉的結果派得上用場？你是否需要引進一些輔助元素，才能讓已知的結果派得上用場？

　　有一些簡單的問題，未知數都是要求三角形的某一邊長（它們的已知數都不盡相同，可能是已知兩個角度與一個邊長，或是兩個邊長與一個角度，此外，已知角度與已知邊長的相對位置也可能不

同。再者，所有這類的問題中，直角三角形又是最簡單的問題）。把注意力集中在眼前的問題，我們就可以試著去找出哪一類三角形是我們該引進的，它當然必須是我們以前解過的問題（並跟目前的問題有相同的未知數），而且可以很方便地運用到目前的狀況中。

在引進合適的輔助三角形之後，我們很可能會發現自己還不知道構成三角形的三個條件為何。不過，這卻不是最重要的。只要知道我們少了哪一個部分，自然會有辦法來找到這個缺少的部分；這就是一個關鍵的進展，因為我們有了解題計畫。

3 前面第 1、2 點所描述的步驟，已經在第一部第 10 節裡大致討論過（有的學生可能會覺得那樣的舉例說明，還不夠清楚）。我們可以再多舉一些例子。其實，在比較基礎的數學課程裡，幾乎所有的「求解題」，都可以藉由底下的建議來找到解法：試著想想是否有什麼類似問題，有相同或相似的未知數？

我們必須從大的特徵上，來看待下列這樣的問題，而且要先看未知數：

(1) 已知……求該線段長。

(2) 已知……求某角度大小。

(3) 已知……求該四面體體積。

(4) 已知……求作此點。

假設我們有些基礎數學的解題經驗，應該很容易就能回憶起某些簡單的類似題，或是有相同未知數的問題。如果眼前的問題，不屬於這些簡單又熟悉的問題，我們很自然地會從這些熟悉的問題中去找線索，或是看看這些簡單問題的結果，能否派得上用場。我們也會試著引進一些有用、熟悉的東西到題目裡，藉此，我們可能會

有個好的起點。

　　剛剛所舉的四個例子裡，都已經包含了一個明顯的解題計畫，或是對解答的一個合理猜想。

　　(1) 未知數可能是某個角的一邊長。剩餘的部分，就是要引進一個合適的三角形，而構成這三角形的三個條件，又是很容易得出來的。

　　(2) 未知數應該是三角形的某個內角。剩下的工作，就是要引進一個合適的三角形。

　　(3) 如果我們能夠知道底面積與高，那麼未知的體積就可以得出來了。剩下的工作，就是得出某一面的面積大小，以及對應的高度。

　　(4) 未知數應該是兩條軌跡的交點；這兩條軌跡可能是圓或直線。剩下的工作，就是要想一想，已知條件告訴我們，這兩條軌跡長得什麼樣子？

　　在這些例子中，我們都藉著一個有相同未知數的簡單問題，來對解題計畫提出建議。當然，真的按照這些計畫著手去解題時，可能會遭遇到一些困難，但是，醞釀出可以動手解題的想法，本身就是件很好的事。

4 如果正式解決過的題目中，與眼前的問題完全沒有相同未知數的話，那麼前述的優點也就不存在了。在這種情形下，想解決問題，就變得棘手多了。

　　「已知某球體半徑，求其表面積大小。」阿基米德是解決這個問題的第一人。很難找到有什麼更簡單的問題，與這問題有相同的未知數；在阿基米德的時代，也的確沒有任何類似的簡單問題，可以

供他利用。實際上,阿基米德的解法,可以算是最偉大的數學成就之一。

「已知某四面體的六個邊,求其內切球的表面積。」 如果我們知道阿基米德的計算結果,即使不像阿基米德那麼天才,我們也能解決這個問題;剩下的工作,就是把內接球的半徑,以這個四面體的六個邊來表示。這當然也不是件容易的事,不過,它的困難度不能與阿基米德遇到的問題相提並論。

是否知道一個已經正式解決過的問題或範例,與眼前的問題有相同的未知數,會讓解題工作的難易程度,產生很大的差別。

5 如我們剛剛所描述的,阿基米德並不知道有任何已經解決的問題,與他想求解的球體表面積問題有相同的未知數。不過,他卻知道有些已解的問題,有「相似」的未知數。在阿基米德的時代,有些曲面面積的解法,例如圓柱體、圓錐體以及截頭圓錐臺的側表面積等,已經眾所周知。

我們可以肯定地推測,阿基米德應該相當仔細地考慮過這些問題。事實上,他的解法就是用兩個圓錐體與許多個截頭圓錐臺,來做為球體的近似。(請參閱第 125 頁「定義」第 6 點的討論。)

假設我們實在無法找到有「相同」未知數的例題,千萬別忽略了有「相似」未知數的例題。擁有相似未知數的問題,可能與眼前的問題比較沒有關聯,因而也可能比較難以直接應用來解題,不過,它們卻可能提供很有價值的想法。

6 最後,我們稍微討論一下「證明題」的情形。大致上,思考「證明題」的解題方法,與前述「求解題」的討論非常類似。

　　需要去證明（或推翻）某個清楚陳述的定理時，我們就有了一個證明題。任何證明過的相關定理，都可能派得上用場。不過，最有幫助的定理，應該還是具有相同結論的定理。知道這點之後，我們在考慮定理的時候，就要仔細看結論，著重在結論上。此時，我們對定理的看法就變成下列的架構：

「若……，則這些角相等。」

　　此時，我們集中注意力在定理的結論上，並試著想想有什麼熟悉的定理有相同或相似的結論。

　　以所舉的這個問題為例，我們也許會想到底下這個定理：「若兩三角形全等，則對應角相等。」這裡有個相關的定理，而且也已經證明過。你能夠利用它嗎？你能引進一些輔助元素，讓這個相關定理變得有用嗎？

　　遵循這些建議，並判斷我們所想到的定理可以幫助到什麼程度，我們也許能夠想出證明的計畫：從全等三角形出發，來證明兩個角相等。由此，我們了解到，我們必須引進兩個三角形，分別包含這兩個角，然後證明這兩個三角形全等。有這樣的一個計畫，無疑是個好的開始，而且也極可能產生我們所希望的結果（如第一部第19節所討論的）。

7　　現在來做個總結。回憶起任何一個有相同或相似未知數、並且已經解決過的問題（或有相同或相似結論、並且已經證明過的定理），就等於有個好的開始，有個思考的方向，而且，我們可能由此想出解題計畫。初等數學中的題目大都不難，想找到有相同或相似未知數的問題（有相同或相似結論的定理），也不是件難事。

　　這實在是個很明顯、很普通的建議（參考本節第4點討論）。然而，我們卻很驚訝地發現，這麼簡單而有用的建議，卻沒有很多人知道。筆者認為，這個建議在以前並沒有很明確而完整的敘述出來。不管怎麼說，不論老師或學生，絕對都不應該忽略這個建議：仔細看未知數！試著想想是否有什麼類似的問題，有相同或相似的未知數？

現代啓發法

　　現代啓發法的起源有很多個層面，每一個層面都很重要，不應該受到忽視。比較嚴謹的研究必須包括邏輯與心理學的知識，此外，古代學者如帕普斯、笛卡兒、萊布尼茲與波爾察諾等的著作，以及一些客觀的經驗，也都應該受到相當的重視。

　　自己解題的經驗，以及觀看別人解題的經驗，是啓發法的兩大基石。在研究啓發法時，不應該忽略任何問題，而是要從解決這些問題的方法中，找出它們的共通點；我們應該集中注意力在尋找具一般性的共通點，也就是與題目具體內容無關的思維方式。

　　本書是實現現代啓發法的第一個嘗試。我們接下來就要討論這部「小辭典」裡的各節，與現代啓發法之間的關聯。

1 事實上，我們的提示表上所列舉的「提問」與「建議」，就是一系列有助於解題的心智活動。其中的一部分，在前面的第二部裡，我們重新描述了一次。在第三部的「小辭典」裡，我們又針對部分的提問與建議，做了更詳盡的討論。

　　關於提示表中某些特定的提問與建議，讀者可以從小辭典中的十五個小節中，找到更進一步的討論與資料；這十五節的標題，就是提示表中十五個段落的第一個句子：什麼是未知數？可能滿足條件嗎？畫個圖。……你能利用這個結果嗎？希望知道更多資訊的讀者，可以像查字典的方式，對照這些段落首句的第一個字，從小辭典中找到相關提問與建議的進一步資料。

　　例如，提示表中「回到定義」這個建議，它位在首句為「你可以重述這個問題嗎？」的段落中。你可以從小辭典中找到這個提問的小節，以及從中交叉參考到另一則關於「定義」的小節，而找到更進一步的解釋與範例。

2　解題是一個很複雜的過程，而且有很多不同的層面。本書的「小辭典」部分，利用十二個主要的小節，來討論其中幾個層面。下文中我們將涵蓋這些小節的標題。

　　努力工作時，我們會熱切地感受到工作的進展；進展迅速，我們感到興奮，進展遲滯，我們感到沮喪。在解題的工作中，進展與成就（第202頁）的本質為何？這一節所討論的內容，常被其他節所引用，所以應該要儘早閱讀這一節。

　　嘗試解決某個問題時，我們會逐一考慮很多不同的想法，這些想法會一再地在我們的腦袋裡滾動；這些想法與思慮的本質，就是改變問題（第259頁）。我們可能會分解與重組（第115頁）題目裡的某些元素，或是回到某些專有名詞的定義（第125頁），或是運用一般化、特殊化與類比等三大法則。題目的變化也可能讓我們找到需要的輔助元素（第84頁），或是發現比較容易求解的輔助問題（第89頁）。

　　我們要很清楚地區分出求解題與證明題（第199頁）的不同。我們的提示表，主要是針對「求解題」所寫的。不過，針對「證明題」的特殊性質，我們也改寫了提示表中部分的提問與建議。

　　在所有的問題中，特別是對稍有難度的數學問題，引進合適的符號與記法（第179頁）與幾何圖形（第145頁），往往是非常有幫助的。

3 雖然解題的過程涉及很多的觀點，不過，有些觀點本書完全沒有加以討論，另外有些觀點，則只占了很簡短的篇幅。我認為，排除一些可能太瑣碎、太專門或太具爭議性的觀點是合理的。

　　例如，在解題的過程中，有些暫時的、看似真確的啟發式推理（第155頁），對發現解答有一定的幫助，然而，我們卻不能把這個推理等同於「證明」：你必須去猜測，也必須去檢查你的猜測（第141頁）。啟發式論證的本質，我們在「象徵進展的徵兆」（第225頁）一節裡有相當的討論。

　　此外，有一些特殊的邏輯思考模式，對啟發法來說是相當重要的，但是，在此不適合引進太多技術性的專門文章。在這部小辭典裡，另有兩節是屬於心理學觀點的，一是決心、希望與成功（第134頁），另一則是潛意識的工作（第245頁）。還有一篇關於動物心理學的討論，請參閱倒推法（第280頁）。

　　最後，有一點應該要強調的是，對啟發法的研究，應該包括所有不同種類的問題，特別是實際的問題（第194頁），甚至字謎（第206頁）等，都不該忽略。該強調的另一點是，尋求放諸四海皆準的發現的法則（第218頁），並不在啟發法的研究範圍之內。啟發法所關心的，是人類面對問題時的行為，也是自從有人類社會以來就一

直持續至今的議題，而這些古老智慧的精髓，就保留在<u>諺語的智慧</u>（第274頁）裡。

4 在這部小辭典裡，收錄了某些針對特定問題的討論，另外也大幅討論了某些一般觀點，因爲老師與同學可能對這些內容（或其中某部分內容）特別感興趣。

例如，有些是討論方法上的問題，特別是與初等數學相關的方法，例如帕普斯、倒推法（剛在第3點裡引用過）、<u>歸謬法與間接證法</u>（第208頁）、<u>歸納與數學歸納法</u>、<u>列方程式</u>（第220頁）、<u>量綱檢驗法</u>（第251頁）以及<u>爲什麼要證明？</u>（第266頁）等節。有幾節是跟老師比較有關的，譬如例行性的問題與<u>診斷</u>。也有幾節是針對程度比較好的同學，譬如<u>聰明的解題高手</u>（第256頁）、<u>聰明的讀者</u>（第257頁）以及<u>未來的數學家</u>（第254頁）。

另外還有一點該在此說明的，第一部第8、10、18、19與20小節中，以及第三部小辭典中的幾節裡，有一些師生間的對話，這些對話也許可以成爲老師用來引導學生的範例，同時也能成爲讀者或同學自己解題時的參考。把思考本身想成是思考者自我的一種「心智的對話」，其實是相當恰當的。這種對話顯示出解題工作的進展。

5 其餘的小節，就不一一列舉了，只再稍微提其中幾個。

首先是一些歷史主題，如<u>笛卡兒</u>、<u>萊布尼茲</u>、<u>波爾察諾</u>、<u>啟發法</u>（第154頁）、<u>解題的術語</u>（第248頁），以及<u>帕普斯</u>（這在第4點已經引用過了）。

還有一些針對專門術語的解釋：<u>條件</u>（第111頁）、<u>系理</u>（第112

頁）、引理（第 167 頁）。

　　最後是一些專用來交叉參考用的詞條，在目錄裡，我們加了符號〔†〕表示。

6 啟發法的目標是一般性的，與問題本身的內容無關，而且可以應用到所有不同種類的問題上。然而，本書所舉的例子，全都是初等數學裡的例子，這造成了一些限制，我們不能忽視，也希望這些限制沒有嚴重損害到我們的目標。事實上，初等數學問題包含了所有可能的變化，而它們的解答都不難而且又有趣。此外，雖然本書以非數學問題為例的情形不多，但是並非完全沒有。至於較高深的數學問題，雖然沒有直接拿來當做例子，但是卻構成本書的真正背景知識；對啟發法有興趣的數學專家，很容易從他的專業知識與經驗中找到合適的例子，來闡述這些觀點。

7 筆者希望在此感謝幾位近代的作者：物理學家兼哲學家馬赫（Ernst Mach），數學家阿達瑪（J. Hadamard），心理學家詹姆斯（William James）與克勒（Wolfgang Köhler）。筆者還希望指出，心理學家鄧克（K. Duncker）與數學家克勞斯（F. Krauss）的著作中也有某些類似的結論。

符號與記法

試試看不用阿拉伯數字，而改用羅馬數字，來做幾個數值不小的加法，例如把 MMMXC、MDXCVI、MDCXLVI、MDCCLXXXI 或 MDCCCLXXXVII 這幾個數❺相加看看，你就會明白一個經過妥善選擇、又眾所皆知的符號，有多大的優點。

數學記數符號的重要性，不論怎麼強調都不會太過分。現代人使用十進位記數法來做計算，比起還沒有這種記法的古代，實在方便太多了。現在任何一位程度普通的學生，只要稍微熟悉代數符號、解析幾何，以及一些基本的微積分，就能解出古希臘時期只有像阿基米德這種天才數學家，才能解決的面積與體積的計算問題。

1 說話與思考有緊密的關聯，心智活動需要語言文字的協助。某些哲學家與語言學家甚至更進一步宣稱，少了文字的運用，人們便不可能思考與推理。

也許，最後這句話有點言過其實。有過一點數學研究經驗的人都知道，在某些時候，我們的確可以在不使用文字的情況下，只盯著幾何圖形看或運算一堆代數符號，來作一些艱深的思考。圖形和

---

❺ 編注：在羅馬數字記法中，I 表示「1」，V 表示「5」，X 表示「10」（IX 表示「9」），L 表示「50」（IL 表示「49」，XL 表示「40」），C 表示「100」（XC 表示「90」），D 表示「500」，M 表示「1000」。所以，文中的第一個數是「3090」。

符號，與數學的思考推理有密切的關係。所以，我們把哲學家與語言學家有點狹隘的斷言，稍稍改寫一下：少了符號的使用，似乎就不可能思考與推理。

　　無論如何，數學符號的使用，與文字的使用非常類似。數學符號看起來就像是另外一種語言，有其特殊的目的，而且既簡潔又準確；與日常語言不同的是，「數學語言」的文法沒有例外。

　　如果我們接受這個觀點，那麼列方程式（第220頁）其實就像是在翻譯一樣，把日常的語言文字，翻譯成以數學符號表示的語言。

2 有一些數學符號，例如＋、－、＝，以及其他幾個符號，已經有固定的意義，另外也有一些符號，大多用羅馬或希臘的大小寫字母表示，則會在不同的問題裡有不同的意義。面對新問題時，就需要選擇符號，引進適當的記號。這和日常的語言很相似：在不同的情境脈絡下，很多字會有不同的意義；當我們需要準確地表達自己的意思時，挑選合適的字彙就變得很重要。

　　選擇合適的符號是解題時的一項重要工作，應該要謹慎選擇：現在花時間仔細選擇符號，將來就可以省去很多不必要的猶豫與混淆。此外，小心地選擇符號，還可以幫助我們清楚地判斷，題目中的哪些元素該用符號來表示，因此，選擇合適的記號，對於了解問題而言，十分重要。

3 一個好的符號應該清楚明確，含意豐富，而且容易記憶；要能避免誤導，或有多重意義；符號之間的次序與關聯，應該與所代表對象之間的次序與關聯相對應。

4 　對符號而言，最重要的是**明確**。在同一個問題中，若有一個符號同時表示兩個不同的對象，是絕對不允許的。如果你已經把某個量稱為 a，那麼在同一個問題裡，就不能再用 a 去代表其他的量；當然，在別的問題裡，你可以再次採用 a 去表示另一個不同意義的量。

　　雖然，我們嚴格禁止用相同的符號去表示不同的對象，然而，用許多不同的符號來表示同一個對象，卻是可行的。例如，a 與 b 的乘積可以表示為下列三種方式：

$$a \times b \quad a \cdot b \quad ab$$

在某些情形中，用二或三個符號來表示同一個對象，是有一些優點的，但是也必須特別小心才可以。通常，一個對象，最好只用一個符號表示，而漫不經心地隨意採用多個符號去表示同一個對象，則是絕對不允許的。

5 　一個好的符號，應該要**容易記憶**，容易判別；這個符號應該要能很容易地提醒我們，它所代表的對象，反之，看到這個對象，我們也要能很容易地就想到這個符號。

　　有個好辦法可以達到這個要求：我們可以利用該對象英文字的第一個字母，來做為符號，例如在第一部第 20 節裡，我們用 r 表示水流的速率（rate），用 t 表示時間（time），用 V 表示體積（volume）。當然，這個辦法有時也行不通，例如，同樣在第 20 節裡，當我們要考慮半徑（radius）時，就不能再用 r 來表示，因為它已經用來表示速率了。至於要如何選取容易記憶與判別的符號，我們在底下繼續討論。

符號不僅容易辨認，當**符號之間的次序與關聯，與所代表對象之間的次序與關聯相對應**時，對於我們了解題目的幫助更是功不可沒。我們需要幾個例子來把這點說清楚。

(I) 為了要表示題目中概念相近的對象，我們常選用鄰近的字母。

例如，我們常用 a、b、c 等前面幾個英文字母，來表示已知的量或常數，而用 x、y、z 等後面幾個英文字母，來表示未知的量或變數。

在第一部第 8 節，我們用 a、b、c 表示長方體的長、寬、高。在這個例子裡，用 a、b、c 來表示，會比用 length（長）、width（寬）、height（高）的第一個字母 l、w、h 來得好。因為在這個問題裡，這三個長度扮演的角色是一樣的，所以開頭三個連續的字母 a、b、c，是最好的候選者。但是，若換一道題，這三個長度分別扮演不同的角色，譬如我們需要知道哪個長度是水平的，哪個長度是垂直的，那麼 l、w、h 就是較好的選擇。

(II) 對題目中屬於同一類的不同對象，我們常用同一類的字母表示，針對另一類的對象，則選用另一類的字母來表示。例如在平面幾何中，

　　　大寫英文字母 A、B、C、……常用來表示點：

　　　小寫英文字母 a、b、c、……常用來表示線：

　　　小寫希臘字母 α、β、γ、……常用來表示角。

如果有兩個對象分別屬於兩個不同的範疇，但彼此又有些重要的關聯，那麼我們就可以選取一些相對應的字母，如 A 與 a、B 與 b、C 與 c 等。一個熟悉的例子是三角形的記法：

A、B、C表示頂點；

a、b、c表示邊；

α、β、γ表示角。

很明顯地，a是頂點A的對邊，而α就是位於頂點A的角。

(III) 在第一部第20小節的「速率問題」裡，字母a、b、x、y是很仔細地挑選出來，來表示它們的本質與彼此的對應關係。a、b表示這兩個量是常數，x、y則表示它們是變數；此外，a在b之前與x在y之前，表示a對b的關係與x對y的關係相同：a與x是兩個水平的量，b與y是兩個垂直的量，而且$a : b = x : y$。

7 我們用

$$\triangle ABC \sim \triangle EFG$$

表示兩個三角形相似。在現代的數學書中，這樣的記法代表兩個相似三角形，對應的字母（A與E、B與F、C與G）表示對應的頂點。然而在古代的書中，這個附帶的對應關係並沒有被引進來，因此，讀者必須自己對照著圖形，或是記得哪個角與哪個角相對應。

顯然，與古代相比，現代的記法好多了。利用現代的記法，我們可以在不用參照圖形的情況下，就推論出：

$$\angle A = \angle E$$

$$AB : BC = EF : FG$$

以及其他類似的關係。古代的記法能表達的含意較少，也無法推論出這些明確的結果。

　　當某一套記法能比另一套表達更多的東西時，我們可以說它比較「含意豐富」。以相似三角形的記法為例，現代的記法比古代更富含意，既可以表示出更多的關聯與對應關係，也可以直接反映出更多的結果。

8 **文字可以有第二重意義。** 某些文章脈絡常會影響到某個字的意義，在它的本意之上，再加上一些別的東西，可能是隱喻、第二重意義，或暗示等。如果我們希望寫出精確的文章，我們會從意義相同的所有文字中，看看哪一個字詞的第二重意義最為恰當。

　　數學的記法也有類似的考量。 某些特別的用法或主題，也會賦予所選的符號第二重意義，我們對此狀況，需要加以留心。讓我們舉例來說明這一點。

　　有些字母已經有固定的傳統意義，例如，e 表示自然對數的底；i 表示 $\sqrt{-1}$，是虛數單位；π 表示圓周率（圓周長與直徑的比值）。這些符號最好只用來表示這些傳統意義；如果我們拿它們來表示別的意義，那麼很可能引起一些困擾，甚至誤解。還好，這種第二重意義對數學初學者的影響不大，而已經學過較多數學的同學或專家來說，應該有能力與相當的經驗，可以分辨這些惱人的差別。

　　此外，一些記法的慣例有很大的優點（例如在第 6(II) 點裡，我們標示三角形各頂點、邊、角的傳統方式）；由於先前運用過它們的經驗，會幫助我們回憶起有用的步驟。這些慣例也可以幫助我們回想起一些公式。當然，在某些情形下，我們會用不同於慣例的方式，用相同的符號去表示一些不同的意義，此時要格外小心才行。

9 當我們需要在兩種記法之間做選擇，而又各有各的理由及優缺點時，經驗與品味會幫我們做出決定；這與作家在用字遣詞時沒有兩樣。然而，知道這些關於記法的優缺點，還是很重要的。不管怎麼說，我們應該要謹慎地選擇合適的記法，而且要有充分的理由來支持我們選擇。

10 不只是程度不好的同學不喜歡代數，其實，很多程度不錯的同學，也對代數沒有好感。代數的記法總有點任意而武斷，學習新的記法，對記憶力來說，是個負擔。程度稍好或是肯動腦筋的學生，大都不願意在沒有充分理由的情況下，只依賴記憶力來學這些記法。如果我們不給這群學生一些機會，讓他們體認到，**以數學符號說出來的語言可以幫助思考**，那麼我們就會讓這群學生有討厭代數的藉口。讓學生有機會體會記法的優點，是老師最重要的工作之一。

　　我只說這是份重要的工作，但我可沒有說這是容易的工作。希望前面的這些討論能有所助益。另外，請參閱列方程式（第220頁）的討論。最後，仔細並廣泛地討論某個式子的性質，也可能是個很富教育意義的練習；請參閱第一部第14節，以及小辭典「你能驗算結果嗎？」（第98頁）的第2點討論。

帕普斯

　　帕普斯（Pappus，西元300年左右）是重要的希臘數學家。在他的《數學匯編》（*Mathematical Collections*）第七卷，描述了一門他稱為「analyomenos」的研究；他以希臘文取的這個名字，可以翻譯成「分析寶典」或「解題的藝術」甚至「啟發法」。最後這個翻譯，最適合我們這本書的旨趣。他原始著作的英文翻譯 **❻**，不難取得，底下是一段原文的翻譯：

　　「用簡短的話來說，所謂的『啟發法』，是一門特殊的學問，希望提供給已經學過《幾何原本》，並有意增進數學解題能力的人一些原則；而且，它本身就是一門有用的學問。它是三個人的工作成果：寫《幾何原本》的歐幾里得、出生於白加的阿波羅尼奧斯（Appollonius of Perga）、以及阿里斯泰厄士（Aristaeus）。這門學問主要是在研究**分析**與**綜合**的方法。

　　「**分析法**是從我們所求的結果出發，把希望求得的結果視為理所當然，由此去導出一些結果，以及結果的結果，直到我們得出可以作為**綜合**過程的起點為止。在分析的過程中，我們假定結果已經存在（想找的已經找到，想證明的已經證明為真），我們從已知的結果來推導它的前提，然後，再去推導這個前提的前提，如此持續下去，最後，我們一定會得出一個已知或公認為真的東西。這個過程

---

❻ T. L. Heath, *The Thirteen Books of Euclid's Elements*, Cambridge, 1908, Vol.1, p.138。

我們稱爲**分析法、倒推解法**或**倒退推理**。

「然而，綜合法是一個相反的過程。我們的起點是分析過程的終點，我們從已知或公認爲眞的東西出發，由此開始逐步推理，偶而可能需要改變推理的步驟，直到最後得出我們想要求的結果。這個過程我們稱爲**綜合法、建構式解法**或**前進推理**。

「分析法有兩種。一是對『證明題』的分析法，目標是在建立眞確的定理；另一是對『求解題』的分析法，目標在找出未知數。

「假設我們現在有個『證明題』，也就是有個敘述明確的定理 A，需要我們去證明或否證。此時，我們還不知道定理 A 成立或不成立。但是，我們可以從定理 A 導出另一個定理 B，由定理 B 又可導出定理 C，如此持續下去，直到我們導出最後一個定理 L；對定理 L 我們有確切的知識與了解。

「假設定理 L 爲眞，而我們的推導過程又是可逆的，則定理 A 也會爲眞。從定理 L，透過分析的過程，我們可以證明它的前提定理 K，相同的方式，我們可以從 C 證明 B，從 B 證明 A，這也就是我們希望達到的目標。當然，如果定理 L 不成立，那麼我們也就證明了定理 A 也不成立。

「如果我們有個『求解題』，也就是在某些敘述清楚的條件下，需要找出未知數 x。我們其實還不知道是否有這麼一個東西，可以滿足這些條件。但是，我們可以假設眞的有這麼一個數 x 存在，由此可以推論出另一個未知數 y，滿足了其他相關的條件。然後，我們又找出其他與 y 相關的未知數，直到最後一個未知數 z，是我們可以由某個已知的方法求出來的未知數。

「假設在這些條件下，眞的有個未知數 z 存在，而我們的推導過程又是可逆的，那麼在原有的條件下，也會有這麼一個未知數 x 存

在。我們可以從求未知數 z 開始，逐步倒著推理，先得出未知數 y，最後得出未知數 x，也就是我們原先的目標。然而，如果沒有一個未知數 z 可以滿足這些條件，那麼原本希望解出未知數 x 的問題，就會是個無解的問題。」

我們不要忘記，帕普斯的原作是希臘文，以上這些文字所根據的英譯，是「意譯」而不是「逐字翻譯」。由於帕普斯的論述在很多方面都很重要，所以，在「字譯」與「意譯」之間的差別，我們需要在此作點討論。

1 和原文相比，譯文採用了比較明確的術語以及符號（例如 A、B、……、L 與 x、y、……、z）。這些都是原文所沒有的。

2 在譯文的一段，我們譯為「增進數學解題能力」的文字，原文的本意是指解決「幾何問題」。需要強調的是，帕普斯所描述的這些步驟與方法，並不只限於幾何問題而已，甚至不只侷限在數學問題裡。我們透過底下的一些例子來說明這點，因為啟發法的本質是具一般性的，與所討論問題的具體內容無關（參閱第一部第 3 節）。

3 代數上的例子。求下列方程式裡的未知數 x：

$$8(4^x + 4^{-x}) - 54(2^x + 2^{-x}) + 101 = 0.$$

這是一道「求解題」，而且對初學者來說並不容易。我們得先熟悉分析法的概念；這當然不是指要去熟悉「分析」這兩個字，而是指

「透過一連串的化約來達到目標的過程」。此外，我們還需要一點關於方程式的基本知識。假設這點基本知識讓我們知道 $4^x = (2^x)^2$ 與 $4^{-x} = (2^x)^{-2}$，然後，加上一點好主意、好運氣、一個好發明，也許我們可以引入一個新的未知數：

$$y = 2^x$$

這個新的未知數實在很有幫助，把它代入原來的方程式，可得

$$8\left(y^2 + \frac{1}{y^2}\right) - 54\left(y + \frac{1}{y}\right) + 101 = 0$$

比起原來的方程式，這個含有未知數 y 的方程式，要簡單得多了。不過，我們的工作還沒有完成，我們還需要一個小發明，另外一個可以代替 y 的未知數：

$$z = y + \frac{1}{y}$$

然後，我們便可以把原來的方程式改成：

$$8z^2 - 54z + 85 = 0$$

　　如果解問題的人，知道怎麼求解二次方程式，那麼，我們分析的過程就可以在此告一段落了。

　　「綜合法」又是什麼呢？綜合法是把從分析法中看到的可能步驟，逐步地演算出來。解問題的人，不需要有任何新的想法，只需要耐心與專心，逐一計算過程中所需的未知數即可。計算的先後次序，與創造的次序剛好相反：先求出 z（z = 5/2, 17/4），再求出 y（y = 2, 1/2, 4, 1/4），最後則是得出原本的未知數 x（x = 1, -1, 2, -2）。從目前的這個例子，很明顯可以看出來，為什麼分析法與綜合法的步驟會剛好相反。

4 **非數學的例子。**假設有位原始人想要過河，但是這次他不能像平常那樣過河了，因爲雨季使河水突然暴漲。因此，渡河成了問題；我們把「過河」當成這個問題的主要未知數 x。這個原始人可能回想起，有一次他是踩著一根倒下來的樹幹過河的。於是他環顧四周，看看有沒有倒下來的樹可以讓他過河；姑且稱爲他的未知數 y。

不過，他並沒有發現任何合適的樹幹。但是，河的兩岸有很多樹，他期待其中的某一棵倒下來，讓他可以過河。他能否讓一棵樹倒下來並橫跨這條河呢？這可是一個聰明的想法，而且他有了一個新的未知數：如何讓樹倒下來，讓他橫跨這條河呢？

如果我們接受帕普斯的說法，這一系列的想法可稱爲「分析法」。如果這位原始人最後成功地落實他的想法，那麼，他可能是第一位發明橋樑與斧頭的人。什麼是「綜合法」呢？把想法轉換成行動。綜合法的最後一個步驟是：走在一棵倒下來的樹幹上過河。

雖然這不是個數學問題，卻具備了分析法與綜合法的所有要素：分析時，動腦，綜合時，動手；分析時，思考，綜合時，行動。這裡還有一個特點：分析法與綜合法的步驟是顛倒的。過河是分析時的第一個想法，卻是綜合時的最後一個步驟。

5 和原文相比，按意譯所得的譯文，更明確地表示出分析法與綜合法之間的關係。先前這些例子，也讓這個關係更加明顯：面對問題時，我們很自然地從分析法開始，接著才是綜合的工作：分析像是發明創造，綜合則是實際執行；分析是構思出一個計畫，綜合則是實際地執行計畫。

6 譯文中保留、甚至強調了原文裡一些有趣的句子：「想找的已經找到；想證明的已經證明為眞」。這聽起來有點弔詭，好像只是自欺欺人地假設，題目已經解完了？這句話有點含糊不清，它到底是什麼意思？如果我們仔細考慮原文整個上下文的意義，以及誠實地看待我們自己解題的經驗，那麼，這句話的含意，其實沒有那麼不清楚。

讓我們從「求解題」開始。假設題目的未知數是 x，已知數是 a、b、c。「假設題目已經解完了」的意思是，存在一個 x，它與 a、b、c 之間的關係，能滿足題目條件的規定。我們需要有這個假設，才能開始作分析；而這只是個暫時性的假設，也不會造成什麼損失。因為，如果這個 x 並不存在，那麼在經過一些分析之後，我們一定會得出某個無解的新問題，而這也很清楚地告訴我們，原本的問題無解。所以，當初做個假設是有幫助的。

為了檢核條件，我們需要去思考、表示，或去想像這個條件，所描述出的 x 與 a、b、c 之間的關係究竟為何。然而，如果我們不先假設 x 是存在的，我們怎麼能夠去思考、表示或想像這些條件與關係呢？換句話說，做這個假設是很自然的一件事。

以先前在第 4 點所討論的原始人為例，在他眞正過河之前，他早就想像自己靠著倒下的樹幹，走過河流的畫面；也就是說，打從一開始，他就假定「問題已經解決了」。

現在輪到「證明題」：要證明定理 A 為眞。我們建議「假設定理 A 為眞」，目的是希望你能從定理 A 推導出一些結論，雖然我們也清楚地知道，這個定理還沒有獲得證明。有些人可能基於某種哲學觀或是某種心態，而不敢由未經證明的定理去做推論。這麼一來，這些人就無法開始去分析問題。

請比較「圖形」（第 145 頁）的第 2 點討論。

7 在譯文中，有個重要的句子出現了兩次：「（假設）我們的推導過程是可逆的」。這是後來才添加上去的句子，原文並沒有類似的「但書」；這是我們在比較近代才有的觀察與理解。參閱輔助問題（第 89 頁）第 6 點，關於「可逆約化」的討論。

8 在譯文中，關於「證明題的分析法」，在用字遣詞上與原文有些差異，但在意義上並沒有什麼不同，而且，也沒有理由要去改變原文的意思。反之，關於「求解題的分析法」，譯文與原文就相當接近。整體上，原文似乎希望描述出一個更一般、更普遍的過程，也就是要建立起**一系列的等價輔助問題**；請參閱輔助問題（第 89 頁）第 7 點的討論。

9 「啟發法」這門學問，其實很重要，而且應該放在基礎教科書裡，然而它卻也很容易引起誤解。目前的狀況是，它只侷限在幾何教科書裡，這顯示出大眾對「啟發法」缺乏了解；參閱前述第 2 點的討論。如果前述的這些討論，能多增進大眾對啟發法的了解，那麼就不枉費這些篇幅了。

關於分析法與綜合法，也可從另外一個觀點來看，請參閱倒推法（280 頁）的討論，以及裡面所舉的例子。

此外，也請比較「歸謬法與間接證法」（第 208 頁）的第 2 點討論。

拘泥與精通

拘泥與精通是看待規則的兩個相反態度。

1 拘泥是指逐字逐句、很嚴格地、不知變通地套用某個規則，也完全不管這個規則是否適用於眼前的狀況。有些迂腐的學究是可憐的傻瓜，他們只知墨守成規，卻完全不懂這些規則的意義。有些學究則還算成功，他們了解規則（至少在他們剛開始變成學究以前），而且，他們會選取一些適用於大部分情況的規則，然後，就開始不分青紅皂白，一味地套用這些規則。

精通則是指帶著自然的態度，懂得去判斷，也會去留意目前的狀況，是否適合採用某個規則，而絕對不會拘泥於字句，反倒忽略了規則的原意。

2 我們提示表中所給的提問與建議，可能對教師或解題的人很有幫助。然而，最重要的是，要去了解這些提問與建議的意義，要學會正確使用這些規則的方法；而「嘗試錯誤」則是最好的學習方法，透過成功與失敗的經驗，點點滴滴來學會如何使用這些規則。其次，絕對不能拘泥於這些規則，一股腦兒套用這些提問或建議。要有自己的判斷，也要隨時準備去改變這些提問或建議。面對一個困難而有趣的問題時，你下一步所該採行的步驟，是來自專注與沒有偏見的思考。若希望幫助學生，你對學生所說的話，出發點應該是你對他的困難心有同感並且有所理解。

如果你不巧有迂腐的傾向，非得要有個規則遵循才行，那麼就試試這條：凡事都先用你自己的腦袋。

實際的問題

實際的問題在很多方面，不同於單純的數學問題；然而，主要的解題動機與步驟，在本質上是一致的。例如，實際的工程問題，通常就包含了數學問題。在此，我們將討論一下這兩類問題之間的差異、相似與關聯。

1 築水壩是實際問題的一個好例子。我們不需要特別的專業知識，就能了解這個問題。在史前時期，遠在近代科學誕生之前，人類就已經可以在尼羅河以及世界其他角落，建築水壩來灌溉農作物了。

讓我們想像這麼一個問題：如何修築一座重要的現代化水壩。

未知數是什麼？這類問題的未知數，通常不只一個：水壩的位置，幾何形狀與尺寸，選用的材料等等。

條件是什麼？我們無法用簡短的一個句子來回答這個問題，因為這個問題涉及了許多條件。這類的大型計畫，往往需要滿足很多的經濟需求，並要盡量減少對環境等的破壞。一方面，水壩應該要能滿足發電、提供灌溉水源、以及防洪的需求；另一方面，它必須盡可能不干擾到河川航道、有經濟價值的魚群，或四周景觀等等。當然還有：要用最少的成本，並能在最短的時間完工。

已知數是什麼？這個工程需要的已知數非常多。我們需要知道河川附近的地形資料、地質資料，氣候雨量，可選用的建材，水位高度，會被淹沒部分的土地的經濟價值，建材與人工的成本等等。

這個例子，很清楚地呈現出來，實際問題與數學問題相比，不

論在已知數、未知數，還有條件等，都較複雜，而且也比較沒有明確的界定。

2 我們解決問題，一定需要用到過去已有的知識。關於築水壩，現代工程師具有很多專業知識，諸如材料力學，實際的經驗，以及專業期刊內的許多文獻等。在此，我們不打算利用這些專業知識，而是想像有一位古埃及的水壩工程師，看看他會怎麼來解決這個問題。

當然，他一定已經看過一些水壩，也許是規模稍小的堤防，由泥土或石頭堆成，用來擋住水流。他一定也看過水災，洪水夾帶著大量泥沙礫石，沖擊河床或堤防的景象。他也許幫忙修復過河堤的裂口，他也許看過堤防決口，洪水氾濫。他一定也聽過，有些堤防，歷經百年，依舊完好無缺，甚至還聽過一些意外決堤的大災難。總之，他心裡應該已經有一幅圖案，描繪著堤防受河水沖撞的壓力，以及堤防內部本身的張力與應力等。

雖然，關於流體的壓力、固體內部的應力與張力等問題，這位古埃及工程師並沒有精確、定量的科學知識。而這些觀念都是現在工程師必備的基礎知識。話說回來，現代工程師也採用了許多不是那麼精準的「科學理論」，例如流水對河床的侵蝕程度、河水搬運泥沙的能力，以及某些材料的彈性或未知的性質等，都算是「經驗性質」或是「實驗性質」的知識。

從這個例子可以看出來，與數學問題相比，解決實際問題所需要的知識與觀念更為複雜，也更沒有明確的界定。

3 在解決實際問題時，未知數、已知數、條件、必需的先備知識等，每一樣都比數學問題來得複雜而且模糊。這是個重要的差別，甚至可能是主要的差別，且它也隱含了其他的差別；然而，解決問題的基本動機與程序，應該都是相同的。

很多人都認為，解決實際問題需要更多的經驗。這也許是真的。然而，這很可能只是由於所需要的知識不同，而不是面對問題的態度。不論是解決實際問題或數學問題，我們都需要依賴先前解決類似問題的經驗，我們也會常常問自己：*是否看過相似的問題，只是形式稍微不同？是否知道什麼相關的問題？*

在求解數學問題時，我們大都有一些明確的觀念，可以依序檢驗或派上用場。但在解決實際問題時，往往得從比較模糊的概念開始，因而，釐清這些概念，就成了解決實際問題的重要部分。以醫學史為例，在細菌學家巴斯德（L. Pasteur, 1822-1895）釐清「傳染」這個在當時算是模糊的觀念之後，後續的醫學發展，就更有能力處理傳染病的問題。

*你是否考慮了所有與題目相關的重要基本觀念？*對所有的問題來說，這都是一個好提問，只不過，觀念的組成，往往錯綜複雜，所以這個提問也有多種不同的使用方式。

在陳述明確的數學問題中，所有的已知數與條件，都必須納入考慮。在實際問題中，我們需要面對一大堆的已知數（資料、數據）與條件；因此，我們要盡可能地考慮最多的條件和已知數，然而，有時候，我們也不得不忽略某些因素或條件。

還是以設計水壩的工程師為例，在考慮公眾利益與經濟效益的同時，他不得不忽略一些較次要的考量或損失。嚴格來講，在他所面對的問題裡，**數據資料（已知數）**與條件，是數不盡也列不完

的。例如，關於地基所在位置的土壤地質資料，當然是愈詳細愈好，然而，在某個程度，他最終還是得停止收集地質資料，雖然還是有些不確定因素存在，但是，還是得繼續下一個步驟才行。

你是否使用了所有的已知數？你是否使用了全部的條件？在求解純粹的數學問題時，我們不能忽略這兩個提問。然而，在解決實際問題的時候，就需要稍微修改一下這兩個提問：你是否使用了所有**會有重要貢獻**的已知數？你是否使用了所有**可能有重要影響**的條件？

我們評估所有現有的相關資訊，在必要的情況下，我們得收集更多的資訊；但是，我們最終得停止收集資料而採取行動，我們要知道何時該適可而止，有些東西是不得不忽略的。「只要乘船而不要危險的唯一辦法，就是不要把船放到海上。」通常，有許多無關緊要的資訊，對最終的解決方案或結果，是沒有具體影響的。

4 古埃及的水壩工程師，除了本身的常識與經驗之外，就沒有其他的東西可以依賴了。相反地，現代的工程師絕對不能只依賴常識行事，特別是在處理一個新型或大型的專案時。還是以水壩工程為例，他要能計算出水壩的抗力，以及組成材料的應力與張力等。想要得出這些結果，他必須要利用彈性理論（適用於彈性剛體的建物）。想要利用這個理論，他得有相當不錯的數學程度。此時，實際的工程問題，就成了數學問題。

我們無法在此討論這個工程問題的具體細節，只能討論一般性的重點。要把實際問題轉換成數學問題，我們不得不忽略一些次要的資料與條件，所以通常得滿足於近似值。有時，為了讓問題單純化，在計算上稍微犧牲一點精確度，也是合理的。

5 關於近似值，可以有很多有趣的討論。在此，我們不打算從專門的數學知識來討論，而只討論一個很直覺、也很有啓發性的例子。

地圖的繪製是一個重要的實際問題。在繪製地圖時，我們常假設地球是個球體。但這只是一個近似的假設而已，我們都知道地球不是個正球體。地球的表面不是任何可用數學來定義的表面，而我們也都知道，地球在兩極處，稍微扁平一些。然而，如果我們把地球假想成是個球體，那麼畫起地圖來，就會簡單許多。我們能因此獲得很大的方便與簡化，卻不會失去太多的精確度。

事實上，我們可以把地球假想成一個赤道直徑為25英尺（約7.6公尺）的大球，因為兩極稍扁的緣故，所以南北兩極之間的距離會稍微小於25英尺。至於有多小呢？大約但還不到1英寸（2.54公分）。顯然，正球體是一個很好的近似值。

求解題與證明題

我們在此來比較這兩類問題的異同。

1 「求解題」的目標是去尋找一個特定的對象：問題中的未知數。

未知數就是所要找的東西，或所求的東西。「求解題」可以是理論的，也可以是實際的；抽象的或具體的；嚴肅的大題目，或只是個小謎題。我們可以尋找各個種類的未知數；或是去發現、取得、製造、建構各種想像的東西。例如，在懸疑小說中，未知數可能是一名殺人兇手；在西洋棋問題中（或下棋時），未知數是棋手的下一步棋；在字謎遊戲中，未知數是一個字；在某些初等代數問題中，未知數是一個數；幾何問題的未知數，則是一個圖形。

2 「證明題」的目標是去證明某個敘述明確的結論爲眞，或證明它爲誤。我們必須回答底下的問題：這個結論（或主張）爲眞或誤？而且我們的答案或證明過程，必須很明確地，證明它非眞即假，沒有第三種可能。

以法院審理案件爲例，證人說被告在某夜是在家裡。法官得去推斷這個證詞的眞假，而且，他必須有充分的理由來支持他的判斷。因此，這位法官面臨的是個「證明題」。另一個「證明題」的例子是「證明畢氏定理」，此時我們不會說「證明或反證畢氏定理」；在某些情形下，把反證的可能性放進題目的敘述中，是件好事，但是有時也可以略去這種可能性，以畢氏定理爲例，我們知道要證明它爲誤的機率是很低的。

3 「求解題」的主要部分是未知數、已知數與條件。
　　假設我們要用已知的三邊 a、b、c 作一個三角形。未知數是一個三角形，已知數是三個線段長 a、b、c，條件則是這三角形的三邊長必須等於 a、b、c。假設現在題目換成是已知三角形的三個高 a、b、c，則新未知數的類型與原來相同，已知數不變，但連接已知數和未知數的條件卻完全不同了。

4 如果是一般的數學「證明題」，它的主要部分是假設與待證明或反證的結論。
　　「若四邊形的四邊等長，則其兩對角線互相垂直。」這個以「則」字開始的第二部分就是結論，以「若」開頭的第一部分就是假設。
　　〔要注意，並不是所有的數學定理，都能這麼自然地拆成假設與結論，例如，定理「質數有無限多個」，就沒辦法這麼把它拆開。〕

5 要解決一個「求解題」時，你必須很確定它的每個主要部分：未知數、已知數和條件。提示表中所列的提問和建議，都是針對這些部分而提出的。

- 未知數是什麼？已知數是什麼？條件是什麼？
- 把條件的各個部分分開。
- 找出已知數和未知數之間的關係。
- 仔細看未知數！並且想一想有什麼類似的問題，有相似或相同的未知數。

- 只考慮條件的某個部分，而先忽略其他部分；再看看離真正的未知數有多遠，還可以做什麼改變？你可以從已知數導出什麼有用的東西？未知數或已知數可以怎麼改變（必要時，同時改變二者），讓它們彼此更接近一些？

- 你是否已經使用了所有的已知數？你是否已經用了所有的條件？

當你希望解決一個「證明題」時，你必須很確切地知道它的主要部分：假設與結論。在我們的提示表中，有一些提問與建議，是特別針對這兩個部分的：

- 假設是什麼？結論是什麼？

- 把假設的各個部分分開。

- 找出假設和結論之間的關係。

- 仔細看結論！並且想一想有什麼類似的定理，有相似或相同的結論。

- 只考慮假設的某個部分，而先忽略其他部分；這個結論是否還會成立？你可以從假設導出什麼有用的東西？你可否想到另一個假設，可以讓你更容易導出相同的結論？假設或結論可以怎麼改變（必要時，同時改變二者），讓它們彼此更接近一些？

- 你是否已經使用了所有的假設？

7 在初等數學中，「求解題」較重要；在高等數學中，則是「證明題」較重要。雖然本書對「求解題」的著墨較多，但是筆者希望，在較完滿地討論過現代啓發法這個主題之後，能重新建立它們之間的平衡。

進展與成就

你是否有了進展？主要的成就是什麼？當我們自己在解題時，或是指導學生解題時，我們可以自問或問學生這類問題。如此一來，在某些比較具體的狀況下，我們很能有自信地判斷出，我們的進展與成就爲何。然而，當狀況從具體變成比較一般的情形時，要想作出相同的判斷，就不是件容易的事了。然而，如果希望對啓發法能有較完整的研究，我們就得努力試著釐清，在解題工作中，到底是什麼造就了進展與成就。

1 要想解決某個問題，需要具備一些相關的知識，也需要從我們既有的、潛藏的知識中，去選擇與收集相關的項目。隨著解題工作的進行，我們對題目的理解，會愈來愈深；在過程中，新增了哪些的東西？喚醒了哪些沉睡的記憶？想要找到解答，就需要想起許多必要的東西；以數學問題爲例，這些東西包括：解決過的問題或例題，已知的定理、定義等。從記憶中「擷取」相關的元素，不妨稱作**動員**。

2 然而，要想解決一個問題，光是收集一堆不相關的東西是不夠的，還必須要把這些獨立的事件、事實結合起來，而結合的方式，必須與手中的問題密切相關。以解數學問題為例，我們必須針對問題，利用所收集的材料，提出一個主張，把這些材料串起來。這個改裝與結合的動作，可以稱作**組織**。

3 事實上，**動員**與**組織**是兩個不可能完全分開的動作。在專心面對問題時，我們所回想的，是與眼前的目的相關、能組織起來的材料；而我們所能組織或連結的，正是我們所回想或動員起來的材料。

　　動員和組織是一個複雜程序的兩個層面，而這個複雜的程序，還有許多其他的層面。

4 解題工作的進展的另一個層面是**想法轉變的模式**。隨著回想、研究相關的材料與知識，我們對問題的想法（理解），與解題初期相比，會愈來愈完整。從對問題有一個粗淺的想法，到有一個較恰當、較可行的想法，在這之間，我們會嘗試從很多觀點出發，試著從不同的角度來看待這個問題。若我們不嘗試改變問題（第259頁），則解題工作很難會有進展。

5 朝著最終目標前進時，我們會看到愈來愈多的東西，這也讓我們知道到自己已經愈來愈接近目標。隨著不斷地思考、審視問題，我們可以更加清楚地**預知**，該做些什麼，以及該怎麼做，才會對解題有所幫助。

　　以解數學問題為例，如果夠幸運，我們也許可以預知，有一個可能派上用場的定理，或是某個先前已經解決過的問題；或是了解到，我們需要重新回到某個術語或名詞的定義去思考。我們所能預見的，往往不是非常肯定的，而是只有某種程度的說服力而已。只有當得出最後的解答時，我們才能百分之百肯定，當初所預見的某個東西是正確無誤的。

　　因此，在得出最後的解答之前，對一些還算可靠的猜測或想法，我們必須感到滿意，而且願意放手一試。若是完全不考慮這些暫且合理的想法，我們是絕對不可能找到最後那個確定的解答的。在解題的過程中，我們需要的是啟發式推理（第 155 頁）。

6 什麼是解題時的進展？動員與組織既有的知識，對題目的認識或想法有所改變，能愈來愈清楚地預見下一個解題步驟等等，都算是解題時的進展。這些進展，可能是持續穩定的小幅進展，也可能是突然地大幅躍進。突然間的一個大進展，我們稱作靈感（第 96 頁）、好點子、好主意或靈光一閃。靈感又是什麼？就是在觀念上，有個突然的轉變；對某個問題的既有看法，突然間產生巨大的調整；或是突然間，對下一個步驟產生極大的信心，認為這是絕對應該採取的行動。

7 先前的這幾點討論，為我們提示表裡的提問與建議，提供了重要的背景。

　　大多數的提問與建議，目標都集中在**動員**我們既有的知識：你是否看過這個題目？或是看過相同、但表達方式有所不同的題目？你是否知道什麼相關的題目？你是否知道什麼定理可以派得上用

場？仔細看未知數！並想一想有什麼類似的問題，有相似或相同的未知數。

當我們認為已經收集好正確的材料時，我們會開始**組織**我們所動員的東西：這裡有個你以前解過的問題，你會運用它嗎？你可以運用它的結果？或是方法？是否需要引進什麼輔助元素，才能使用這個解過的問題？

材料收集得不夠完整時，我們會懷疑：你是否已經使用了所有的已知數？你是否已經用了所有的條件？你是否已考慮了與問題相關的所有必要概念？

有些提問是希望有助於**改變**問題：你能否用自己的話，把問題重新敘述一遍？或是用不同的話再說一次？也有些提問，是基於特定的方法來改變問題，例如：回到定義，使用類比、特殊化、一般化，還有分解與重組等。

另外有些提問，則是希望能幫助**預知**或猜測解答的性質，例如：這個解能夠滿足這些條件嗎？已知的條件是否足夠決定未知數？太少？太多？或是彼此有矛盾？

我們的提示表並沒有直接涉及「靈感」的問題，然而事實上，所有的提問與建議都和它有關。了解問題，是為了靈感作準備；擬定解題計畫，則是希望能引發靈感；有了靈感之後，我們開始付諸實現；待問題解決之後，我們回顧整個過程，目的是希望對這個靈感有更好的了解。

字　謎

如同在第一部第3節裡所討論的，我們提示表中所列的提問與建議，與問題的具體內容無關，而是可以適用於各種不同類型的問題。此節以字謎為例，來測試一下這個想法。

比方說，把下列四個字的字母重新組成，排成一個新的字：

DRY OXTAIL IN REAR

像這樣，把字詞的字母變換位置所產生的新字詞，叫作「變位詞」❼。有趣的是，我們發現提示表裡的幾個提問，對解這個字謎來說，很有幫助。

未知數是什麼？一個字。

已知數是什麼？四個英文字： DRY OXTAIL IN REAR

條件是什麼？這個英文字由題目裡四個英文字的15個字母所組成。應該不是一個太冷僻的字。

畫個圖。標出15個空格，對思考很有幫助。

－－－－－－－－－－－－－－－

你能否把問題重新敘述一遍？我們要找一個字，由底下這些字母所組成：

A A E I I O Y D L N R R R T X

---

❼ 編注：目前當紅小說《達文西密碼》中，就常玩「變位詞」的把戲，譬如一開始的 O, Draconian Devil 變成 Leonardo Da Vinci。

這顯然是原問題的等價敘述（參考第89頁的輔助問題第6點討論）。這個新的敘述方式可能很有用：把母音字母與子音字母分開來（而不是按字母次序）之後，我們可以從另一個角度來看問題。因此現在我們看出一件事：如果要找的這個新字沒有雙母音的話，會有七個音節（Y是半母音）。

如果你不能解眼前的這個問題，那麼先試著解有點相關的問題。相關的問題是從所給的字母，拼出一些字來。我們一定可以拼出一些較短的英文字，然後，再試著逐漸增加字的長度。我們所能拼出的長度愈長，就愈接近最終的解答。

你能否只解決問題裡的某個部分？由於希望找出的字很長，所以，我們可能可以把這個字拆解成幾個小部分；或者，它可能是個複合字，或是有特殊字尾的詞類變化等。有什麼常見的字尾呢？

只考慮條件的某個部分，而先忽略其他部分。我們可以從一些較長的字開始想起，它可能含有七個音節，而且只有相當少的子音字母，甚至包括了X與Y。

提示表裡的提問與建議不會變魔術。如果我們自己不努力，解答是不會自己跑出來的。如果讀者希望知道這個字到底是什麼，他自己必須持續推敲、思考與嘗試錯誤。俗話說：「不怕慢，只怕站。」當挫折不斷，我們感到心灰意冷而想放棄時，這些提問與建議，會讓我們去做些新的嘗試，或是提供新的觀點、提供新的刺激，或是改變問題等等，幫助我們不停地動動腦。

歸謬法與間接證法

　　歸謬法和間接證法是兩個不同但卻相關的證明方法。

　　歸謬法所用的方法，是先提出一個假設，然後從這個假設導出一個明顯的矛盾，由此證明該假設是錯誤的。「歸謬（歸約到謬論）」雖是一個數學方法，不過它與諷刺作家最喜歡採用的反語，有些相似。在表面上，反語是先採取某個觀點，然後去強調它，反覆強調，過度強調，直到出現明顯的荒謬為止。

　　間接證法是去證明某個假設的反面敘述不成立，負負為正，而得證出該假設為真。因此，間接證法很像選舉期間許多政客的做法，靠著打擊別的候選人，來建立自己的聲望。

　　歸謬法和間接證法是兩個發現真理的有效方法，也是很多用心思考的人，自然而然會用到的方法。然而，有不少哲學家和初學者，並不喜歡這兩個方法；但這也不難理解，畢竟大多數的人都不喜歡話中帶刺的人，或是政客的某些伎倆。在此，我們先舉例說明這兩個方法的效用，再來討論大家對這兩個方法的反對意見。

1　歸謬法：利用 0 到 9 這十個數字，組合成一些新的數（每個數字只能用一次），讓這些數相加的總和恰好等於 100。

　　這個問題會教我們一些東西；開始解題之前，我們先仔細再了解一下題意。

　　未知數是什麼？一組數字；我們當然是指普通的整數。

　　已知數是什麼？100 這個數。

　　條件是什麼？條件有兩個部分。首先，寫下一組數，這些數是

由0、1、2、3、4、5、6、7、8、9這十個阿拉伯數字組成，而且每個阿拉伯數字只能用一次。其次，新的這組數相加的和，必須剛好等於100。

只考慮條件的某個部分，而先忽略其他部分。條件的第一個部分比較容易滿足。例如：19、28、37、46、50這組數，每個阿拉伯數字都只出現一次。當然，它並不滿足第二部分的條件；這些數的和是180而不是100。我們再多嘗試幾次，例如：

$$19 + 28 + 30 + 7 + 6 + 5 + 4 = 99$$

此時，第一部分的條件還是滿足了，而第二部分的條件也幾乎要滿足了：加起來是99，差一點就是100。當然，如果我們忽略第一部分的條件不管，很容易就可以滿足第二部分的條件：

$$19 + 28 + 31 + 7 + 6 + 5 + 4 = 100$$

現在，這組數沒有滿足第一部分的條件：1用了兩次，而0沒有用到。除了再試試看，似乎沒有別的辦法。

然而，再多幾次失敗的經驗之後，我們可能會開始懷疑，題目所求的100，根本就是不可能的。此時，我們的問題就變成了「證明題」：證明題目所要求的兩個條件，不可能同時成立。

即使是好學生，也覺得這個問題不容易。然而，只要我們的態度正確，要解決這個問題並不難。我們必須去考慮，假設有一個情況，可以同時滿足這條件的兩個部分。

基於先前許多的失敗經驗，我們可能相當肯定，這個假想的情況，根本是不可能發生的。不過，還是讓我們保持樂觀、開放的心胸，想想如果這兩部分條件真的都能滿足，應該會是怎麼樣的狀況？所以，讓我們假設，有一組數，它們的和等於100，這組數必須

是一位數或二位數，數字的組成只有十個阿拉伯數字（0、1、2、……、9），而且不能重複。

想想，這十個阿拉伯數字的總和是：

$$0 + 1 + 2 + 3 + 4 + 5 + 6 + 7 + 8 + 9 = 45$$

這些數字有的代表個位數，有的代表十位數。也許會有人想到（應該是個聰明人）：可以把代表個位數與十位數的數字分開來看；而這些代表**十位數的數字的和**，可能會有些重要的意義。從代數的想法，我們可以假設 t 是這個數字和。移除這些代表十位數的數字之後，上面式子所剩下的，就是表示個位數的數字，它們的和等於 $45 - t$。因此，這組數的總和就是

$$10t + (45 - t) = 100$$

由此，我們得出了一個方程式，可以決定 t 的值。這是個一元一次方程式，解答很簡單：

$$t = \frac{55}{9}$$

現在出現一個大問題。這個 t 不是整數！我們從 0 到 9 這十個整數中挑出幾個，相加之後的結果竟然不是整數（這是非常明顯的矛盾）！回想我們一開始的假設：我們假設有一組數會「同時」滿足題目所給條件的兩個部分；結果，我們得出一個明顯的荒謬結論。這該做何解釋？唯一的解釋是，我們最初的假設是錯的，該條件的兩部分「不會」同時成立。至此，我們完成了我們的目標，成功地證明出，原條件的兩個部分是不可能並存的（因此，原題無解）。

上述的推理過程，就是典型的「歸謬法」。

2 **討論**：讓我們回顧剛剛的推理過程，了解過程中的一般程序。

我們希望去證明某個條件是不可能成立的，也就是要證明不可能有這麼一個情況：該條件的各部分可以同時滿足。如果無法證明這點，這個情況就是有可能發生的。如果希望證明這是個不可能的情形，我們就必須從中找出非常明顯的錯誤或矛盾。由此可以看出來，前面的論證過程之所以成功，是非常合理的：我們先假設有某個狀況，符合該條件的全部要求，雖然它看起來極端不可能，但是我們還是得很仔細地去檢驗這個假設。

比較有經驗的讀者，可能會看到另外一個重點。我們先前的主要步驟，是列出一個含有未知數 t 的方程式。其實，我們也可以不去懷疑該條件是否能成立，而得出完全相同的方程式。如果我們想要列出一個方程式，就需要用數學的語言，來表示出滿足該條件各個部分的狀況，雖然我們還無法確定，是否真能同時滿足該條件的所有要求。

我們的做法就是保持「開放的心胸」。一方面希望可以真的找出滿足該條件的未知數，同時也希望可以證明這個題目是無解的。哪一個希望會成真，並不重要；重要的是思考與推理的過程。如果我們小心妥善地處理，就可以讓這兩個看似相反的期望，有相同的出發點，依同樣的方式開始檢驗所假設的情況，而在隨後的過程中，我們終會知道哪個希望能夠成立。

請比較「圖形」（第 145 頁）的第 2 點討論。也請與「帕普斯」（第 186 頁）一節作比較；如果最後的分析結果，否證了原先假定的定理，或是發現「求解題」無解，這個分析的過程，其實就是一種「歸謬法」。

3 間接證法。所謂的質數（prime number）是指像 2、3、5、7、11、13、17、19、23、29、31、37、……這樣除 1 與本身之外，沒有其他因數的數（1 不是質數，雖然 1 也是除了本身之外，就沒有更小的因數，但是，因為 1 還有其他的性質，所以不能歸類為質數）。質數可說是所有（大於 1）的正整數的「最終組成元素」，因為所有的正整數都可以分解成質數的乘積，例如：

$$630 = 2 \cdot 3 \cdot 3 \cdot 5 \cdot 7$$

也就是，630 可以分解成五個質數的乘積。

質數的數列是無限的，或是停在某個地方？我們很自然會猜想此數列是無限的。如果它有個終點，那麼所有的整數，都是由有限多個最終元素所組成，這樣的世界會不會「太無聊」了呢？所以，我們就有了一個題目：證明質數有無窮多個。

這個問題與常見的初等數學問題非常不一樣，而且乍看之下，似乎無解。然而，就像我們剛剛說的，感覺很不可能存在一個終點，一個最大的質數。為什麼呢？

讓我們來正視這個非常不可能發生的情形：假設 P 就是這個最大的質數，由此，我們就可以列出一個完整的質數數列：2、3、5,7, 11, ..., P。為什麼這是非常不可能的？什麼地方有問題？能否指出什麼絕對的錯誤？當然可以！我們可以假設有一個數 Q：

$$Q = (2 \cdot 3 \cdot 5 \cdot 7 \cdot 11 \cdot \cdots \cdot P) + 1$$

這個 Q 會大於 P，因此根據假設，它不可能會是個質數。所以，它可以被某個質數整除。現在，我們把所有的質數都列出來，也就是 2, 3, 5, ..., P。然而，不論用其中哪一個數去除 Q，都有個餘數 1。也就是說，Q 沒辦法被所有已知的質數整除；根據假設，所有的質

數就只有這些。

因此我們遇到了一個很大的問題；Q 若不是一個質數，就能被某個質數整除，否則 Q 一定是質數。但是我們最初的假設是，P 是最大的質數，所以我們得出一個非常明顯的矛盾。我們該做何解釋？唯一合理的解釋，就是先前的假設有誤；並不存在一個最大的質數 P。至此，我們成功地證明了：質數有無限多個。

這是一個典型的間接證法。（這其實也是個很有名的證明，是由歐幾里得提出的；參閱《幾何原本》第九卷命題20。）

我們剛剛所建立的定理（質數數列是無窮數列），是利用否證其反面敘述（質數數列是有限數列）的方式，也就是從該反面敘述，推導出一個明顯的矛盾。如此一來，我們就把間接證法與歸謬法，作了很好的連結；這也是一個很典型的連結。

4 反對意見：我們剛剛所討論的這兩種證明過程，過去遭到相當多的反對。不過，許多的反對意見，都有一個基本的共通點。在此，我們以一個比較「實際」的形式來討論。

想出一個不容易看出來的證明，無疑是重大的智力成就；即使要去學會、甚至了解這個證明，也需要付出相當的努力。很自然地，我們會期望在這個努力的過程中，有所收穫，而留存在我們腦袋裡的，當然必須是真確的，而不是謬誤的。

然而，從歸謬法中，我們似乎很難保有什麼正確的想法。整個過程從一個錯誤的假設開始，在最後那個明顯的錯誤出現之前，後續的每一步推理，雖然嚴謹，但卻都是錯的。如果不希望在腦海裡留有「錯誤的」想法，那麼我們就應該盡快忘記每一件事，但這又是不切實際的想法，在證明的過程中，我們必須清楚記得每一個推

理才行。

反對間接證法的理由很相似，可以扼要說明如下：在聽這樣的證明時，我們被迫把注意力一直集中在一個錯誤的假設上，而不在最終我們希望證明爲眞的定理本身；但是我們該記住眞正的定理，而遺忘前者。

如果我們希望能對這些反對理由的價值，作出正確的判斷，就需要先區分出「歸謬法」的兩個用途：一是作爲研究的工具，另一是作爲解釋（敘述）的方法。相同的道理也適用於間接證法。

我們不得不承認，以作解釋而言，歸謬法並不是好方法。這個演繹的過程，特別是它很冗長的時候，對讀者與聽者來說，可能會是個很痛苦的過程。推理的過程，每一步都是正確的，但是所有的情況，又都是不可能存在的。如果還得在每一步驟一直強調每件事都基於原先的假設，那麼即使是用口頭闡釋，也可能讓人覺得囉唆。我們非常想駁斥並忘掉眼前這個不可能的情況，但是我們又必須牢記並檢驗它，因爲它又是下一個步驟的基礎，這種內在的衝突，久了之後可能讓人無法忍受。

不過，如果你拒絕把「歸謬法」視爲一種發現的工具，又是非常不智的行爲。如同先前的例子所顯示的，當其他所有的方法都行不通時，歸謬法可能會很自然地出現，並帶來解決的方案。

我們需要一些經驗，來讓我們了解，這些反對與支持的理由之間，並沒有本質上的衝突。經驗告訴我們，要把間接證明轉換成直接證明，或者把採用了歸謬法的冗長證明，重組成較能親近的形式（甚至精簡成簡單的幾個句子），通常也並不困難。

總之，如果想充分地發揮自己的能力，就應當去熟悉歸謬法與間接證法。但是，在我們運用其中的某個方法而得出一些結果時，

別忘了要回顧整個證明過程，並問問自己：能否用不同的方法導出相同的結果？

讓我們用幾個例子來說明。

5 重組一個歸謬證明。我們回頭想想在前面第1點的推理過程。我們的起點是一個最後得知爲不可能的情形。現在，讓我們試著從該證明中，找出一個論證，是與最初那個錯誤的假設無關，而且含有正面的資訊。

重新思考之後，我們應該可以了解，底下這個想法是正確無誤的：若某組數裡只有一位數字或二位數字，而組成這些數的數字又限定在0到9這十個阿拉伯數字，每個數字只能出現一次，那麼這組數相加的總和會等於

$$10t + (45 - t) = 9(t + 5)$$

這個和會是9的倍數。然而，原問題要求總和等於100。這個要求可能嗎？顯然不可能，因爲100不是9的倍數。

雖然當初是「歸謬法」幫我們發現了論證的方向，但是在這個新提出的證明中，已經消失得無影無蹤了。

附帶一提，熟悉「9的倍數判別法」的讀者，現在應該能馬上就明白整個論證。

6 轉換一個間接證明。我們回過頭來看看第3點裡的推理。重新仔細考量我們所做過的步驟，也許能讓我們發現某個與原先錯誤假設無關的論證或想法。但是，要找到最好的線索，我們應該去重新思考原題目的含意。

　　我們說「質數數列是個無窮數列」或「質數有無限多個」,是什麼意思?很明顯地,它是指當我們列出任何一組有限多的質數,例如:2、3、5、7、11、……、P,而 P 是其中最大的質數時,一定還存在一個比 P 大的質數。那麼,我們該如何證明有無限多的質數呢?也就是說,我們得找出一個方法,而這個方法可以找到一個新的質數,不在目前所有已知的質數中。如此一來,我們的「證明題」就變成了「求解題」:**已知一組質數 2、3、5、7、……、P,試求一個新的質數 N,不等於目前所有這些已知的質數。**

　　用新的方式,重新敘述原有的問題之後,我們已經完成了主要的解題工作。現在不難看出來,如何把我們在前面所用的主要論證,用於新的目的。事實上,下面這個數 Q

$$Q = (2 \cdot 3 \cdot 5 \cdot 7 \cdot 11 \cdot \cdots \cdot P) + 1$$

一定可以被某個質數整除(別忘了,質數可以被自己整除)。我們的想法是,取任何可以整除 Q 的質數,例如取最小的那一個,讓它等於 N(如果 Q 本身剛好就是質數,當然 $N = Q$)。很明顯地,用任何已知的質數 2、3、5、……、P 去除 Q,都會得到餘數 1,因此已知的這些質數,都不可能是 N,因為 N 可以整除 Q。然而,這正是我們需要的結果:N 是一個質數,而且不等於任何已知的質數 2、3、5、7、11、……、P。

　　這個證明提供了一個方法,也就是可以不斷地擴展質數數列的方法。這裡沒有任何「間接」的思考,沒有任何不可能的情形需要去考慮。我們成功地轉換了前面的間接證明,不過,這個新的解法本質上與間接證明完全相同。

多餘的

請參閱「條件」（第111頁）。

例行性的問題

　　以一般的二次方程式為例，譬如「求解 $x^2 - 3x + 2 = 0$」，假設老師已經講解過它的解法（公式解），也舉過例題作說明，學生除了把係數 -3 和 2 代進公式之外，就不再做任何事，像這類只需套公式的問題，就可以稱為「例行性的問題」；或是只要依照特定的步驟，完全不需要有任何原創性的想法，算是老掉牙的例題，也都可稱為例行性的問題。設計好例行性的問題之後，老師只需一再重複地詢問學生：「你知道什麼相關的問題嗎？」而這個提問本身，早已經有一個直接又明確的答案了。因此，學生們什麼事都不必做，也不必多想，只要稍微細心一點，耐著性子，按著固定的模式，即可得出解答；既不需要做判斷，也不需要任何的創意與思考。

　　在數學教學上，例行性的問題是有需要的，甚至需要很多的例行性的問題；然而，若是只教學生例行性的問題，而沒有其他類型的問題，就是件不可原諒的事。單單只有教學生計算例行性問題所需的機械式反應，甚至比烹飪食譜還不如，因為食譜還會給廚師自由想像與判斷的發揮空間，而「數學食譜」則是連這個都沒有。

發現的法則

關於發現的第一條法則是「腦筋加運氣」。第二條法則是「靜候靈感」。

去告訴別人，他的某些願望是永遠不可能實現的，好像有點沒禮貌，但也不見得是件壞事。與古代鍊金術士追尋多年的「金丹」相比，找到有魔法般能力的「金科玉律」，可以幫我們解決所有可能的數學問題，可能還更令人嚮往些。可惜，並沒有這樣的魔法存在。尋找放諸四海皆準的解題規則，是古代哲學家的夢想，然而，這個夢想終將只是個夢想。

合理的啓發法，目標不在於找到「解題的金科玉律」，而是探討一些有助於解題的程序，例如心智活動、步驟、解題的進展等。這些程序，是許許多多的智者在解決他們十分感興趣的問題時，廣泛採用的程序。這些程序源自一些典型的提問或建議，大都是一些聰明的人會問自己的問題，或是自己給自己的建議，以及優秀的老師會給學生的提問和提示。

收集這類的提問與建議，考量它們的普遍性與適用範圍，並加以妥善整理，也許比不上古代哲學家們所嚮往的「解題金丹」，但至少是一份可以實現的願望。本書所列的提示表，就是這樣的嘗試。

表達風格的守則

表達有很多種形式，包括口語或著作等。關於表達的風格，第一條守則是要「言之有物」。第二條守則是：有時候，當你同時有兩件事想說時，要先把自己控制好，慢下來，先把一件事說清楚，再去說另外一件事，而不要把兩件事同時一起說。

教學的守則

教學的第一條守則是：你要知道你應該教些什麼東西。第二條守則是：你知道的，要比那些你該教的東西還多一點。

先說第一條守則。筆者不認為所有的教師守則都是沒有用的，否則，他自己也不敢寫這樣的一本書。然而，我們不應該忘記，一位數學老師當然應該具備一些數學知識，然而，如果老師希望把面對問題的正確態度，也教給學生，那麼他自己就必須先具備這樣的態度。

把條件的各個部分分開

了解問題是我們的第一要務。對問題有了整體的了解之後，就要開始去思考細節，逐步思考問題的各個主要部分：未知數、已知數與條件。在了解這些問題的主要部分之後，卻還沒有什麼好點子

之前，我們得再進一步深入細節，此時就需要依次考慮每一個已知數。對題目所給的條件有整體的了解之後，我們可以**把條件拆成不同的部分**，然後一一考慮。

這個建議的目的，就是我們在此所要討論的。如果想深入了解某個問題，就必須進一步地深入細節去考慮。而這個建議所強調的步驟，就是分解與重組（第115頁）。

你能把條件的各個部分分開並且寫下來嗎？當我們需要列方程式時，更是常常需要用到這個提問。

列方程式

列方程式很像是在「翻譯」；可參考「符號與記法」（第179頁）的第1點討論。牛頓曾在他的《廣義算術》（*Arithemetica Universalis*）一書中，用過這個比喻，這也許可以用來釐清許多學生與老師常面臨的困難。

1 列方程式是指，把文字陳述的條件，以數學符號來表示；它像是把一般日常的語言翻譯成數學語言。我們在列方程式時會遭遇的困難，跟翻譯時的困難沒什麼兩樣。

以英文譯成法文為例，我們需要兩件事情。首先，我們要完整、徹底地了解英文句子的意義。其次，我們必須要熟悉法文的表達方式。這很類似於我們要把文字陳述的條件，轉換成數學符號。首先，我們要徹底了解該條件。其次，我們要熟悉數學式的形式。

如果能把英文句子，直接逐字逐句地轉換成法文，那麼翻譯就

實在是太簡單的工作了。然而，舉例來說，有一些英文的諺語或慣用語，無法直接按字面意義轉換成法文。如果句子裡含有這些慣用語，我們就要把注意力，從個別的字面意義，轉移到該句子的整體意義；在翻譯這個句子之前，我們可能還需要做一下重組的工作。

列方程式實在沒什麼兩樣。在比較簡單的情形，文字所敘述的條件，幾乎已經自動地分成幾個部分，每一部分又可以直接改成數學符號。在比較困難的情形，條件裡有某些部分，無法直接以數學符號表示，遇到這種情形時，我們要把對文字敘述的注意力，轉移到對整個條件的意義上。在我們開始寫下數學式子時，也許需要重組一下條件的次序，此外，也得同時注意一下，有哪些可用的數學符號。

然而，不論是簡單或困難的情形，我們都要能了解條件，把它的各個部分分開，然後問自己：我能把它們寫下來嗎？在比較簡單的情形，我們可以毫不遲疑地把條件拆開，並直接寫出對應的數學符號；情況比較困難時，如何適當拆解條件的各個部分，就沒那麼明顯了。

在研究完底下的例題之後，應再回過頭來，把先前這些說明，重新再讀一次。

2 試求兩數，和為 78，積為 1296。

在底下我們用垂直線分成兩欄。在左欄，我們把文字敘述拆成合適的段落；在右欄，則用代數符號，表示對應的條件。所以，左欄是「原文」，右欄是它的「翻譯」。

待解的問題

用文字來敘述	用代數語言來敘述
試求兩數	x 與 y
和為78	$x + y = 78$
積為1296	$xy = 1296$

這算是個簡單的例子，文字敘述出來的條件，幾乎自動分好段落，而且也很直接就能寫出對應的數學符號。

3 有一底面為正方形的直角柱，體積63立方英寸，表面積為102平方英寸，試求此角柱的高，與底面的寬。

　　未知數是什麼？底面的寬，譬如以 x 表示；此柱體的高，以 y 表示。

　　已知數是什麼？體積為63，底面積為102。

　　條件是什麼？此角柱的底為正方形，邊長為 x，高為 y，體積為63，表面積為102。

　　把條件分成不同的部分。這個條件有兩部分，一個與體積有關，另一個與表面積有關。

　　雖然，我們可以毫不猶豫地把這個條件拆成兩部分，卻很難「馬上」用數學式寫下來。我們必須先知道，怎麼計算體積，以及兩底面與各側面的面積。不過，由於我們有基本的幾何知識，重述條件的這兩部分並不困難。我們把拆解與重新排列過的條件，以文字的方式寫在左欄，對應的數學式子則寫在右欄。

有一底為正方形的直角柱， 試求其底的寬度，與	x
高。	y
首先，已知體積；	63
它是寬為 x 的正方形底面積	x^2
與高的	y
乘積。	$x^2 y = 63$
其次，已知表面積；	102
表面積共包含	
上下兩正方形底的面積，	$2x^2$
以及四個長方形側面的面	
積，側面的邊長分別為底面	
的寬 x 與高 y。	$4xy$
因此，總表面積為	$2x^2 + 4xy = 102$

4 已知一直線方程式，給定某點座標，試求此點相對於該直線的對稱點座標。

這是一個平面解析幾何的問題。

未知數是什麼？一個點的座標，譬如 p 與 q。

已知數是什麼？一個直線方程式，譬如 $y = mx + n$，以及某一點的座標，譬如 a 與 b。

條件是什麼？相對於直線 $y = mx + n$，(a, b) 與 (p, q) 兩點相對稱。

現在我們面臨到這個題目最棘手的部分，就是要把條件分開，並用解析幾何的語言來表示。我們需要能認清這個困難的本質。分解這個條件，在邏輯上也許不困難，但可能毫無用處。我們在此真正需要的分解方式，是要讓分解完的部分，能用合適的解析幾何方式來表示。

若想找到合適的分解方式，我們必須回到定義（第 125 頁）：對稱是什麼意思？（同時也要注意解析幾何的相關知識。）對一條直線對稱是什麼意思？有哪些解析幾何的知識，可以用來表示題目要求的幾何關係？如果我們把注意力集中在第一個問題上，但也沒有忽略第二個問題的話，那麼，我們終究會找到底下的分解方式：

已知某直線，	$y = mx + n$
與一點座標，	(a, b)
求另一點座標，	(p, q)
使這兩點滿足以下的關係：	
首先，兩點的連線，與已知直線相垂直；	$\dfrac{q-b}{p-a} = -\dfrac{1}{m}$
其次，兩點連線的中點，恰好落在已知直線上。	$\dfrac{b+q}{2} = m \cdot \dfrac{a+p}{2} + n$

象徵進展的徵兆

哥倫布率領船隊朝西航向未知的大洋時，每當他們看到鳥，全隊就會開始歡呼。因爲他們認爲，鳥是希望的徵兆，象徵陸地已經近了。然而，這個希望的徵兆，卻一再地讓他們失望。當然，他們也會去尋找別的徵兆，例如漂浮的海草或是低空的雲團。但是，這樣的期望卻一直落空。

然而，就在某一天，許多徵兆陸續同時出現。1492 年 10 月 11 日，星期四，哥倫布寫道：「有人看到磯鷸，還有一根綠色的蘆葦在船附近。品脫號（Pinta）的船員看到藤蔓和一根竿子，還撿到一根好像是被鐵器砍下來的小棍子；然後，又是一段藤蔓，另一片陸地植物的小樹幹，還有一小塊木板。妮娜號（Nina）的船員也看到上頭還帶著莓子的小樹枝。大家都對這些陸地的徵兆，感到非常興奮。」事實上，就在隔天，他們眞的看到陸地了，那正是新大陸的第一個海島！

不論我們專心從事的事情是否重要，也不論我們正在解哪一類的問題，我們都會期盼看到某些象徵自己有所進展的東西，就像哥倫布的船隊希望看到接近陸地的徵兆那樣。底下，我們將藉由幾個例子，來說明什麼樣的徵兆，可以代表我們接近最終解答了。

1 幾個例子。先從西洋棋局的問題開始。假設我必須在兩步內，「將軍」黑色的國王。此時在棋盤上，距離黑國王相當遠的地方，有個白騎士；乍看之下，這個騎士似乎有點多餘。這個感覺有什麼用？我暫時先不回答這個問題。不過，在設想了可能的幾步棋

之後，我忽然想到一步棋，而且這步棋可以讓這個似乎有點多餘的白騎士，派上用場。這個想法，給了我一個新的希望。我把它當成是一個希望的徵兆：可能就是這步棋！為什麼？

在經過精心設計的西洋棋局問題上，絕對不會有多餘的棋子。因此，我必須要考慮到棋盤上所有的棋子：**所有的已知數都必須派上用場**。正確的解，的確會用上所有的棋子，包括這個看起來有點多餘的白騎士。從這個觀點，我好不容易想出來的這步棋，很可能就是我正在尋找的答案；它看起來似乎是正確的解，也可能真的就是。

現在，換成一個數學上的例子。假設我的問題是，要用已知三角形的三邊 a、b、c 來表示它的面積大小。再假設我已經有一些想法了。我大致知道，有哪些幾何關係是我該考慮的，以及可能會需要用到哪些運算。然而，我不確定我的想法能否成功？假設，我依照原本的想法仔細計算，結果，下列這個量出現在我即將算出的面積公式裡：

$$\sqrt{b + c - a}$$

我應該為此結果感到高興的！為什麼？

因為我們知道，對三角形而言，任兩邊長的和，必定會大於第三邊。這是一個很基本的限制。所給的三邊長 a、b、c，不可能是三個任意的數值；因為它們是三角形的三邊長，所以 $b + c$ 必定會大於 a。

這是題目的條件裡，很基本的一部分，而我們應該要**考慮到整個條件**。萬一 $b + c$ 沒有大於 a，那麼我得出的答案，就一定有問題。因為，如果 $b + c$ 小於 a，式子裡的 $b + c - a$ 就是負數，上述的

根號就成了虛數，不可能出現在面積這個實數的量當中。因此，我得出來的公式，與真正的面積公式有共同的性質，所以看起來似乎是正確的；而它也可能就是正確的。

再舉一個例子。不久之前，我希望能證明一個立體幾何的定理。一開始相當順利，我很快就找到一個似乎有用的想法；但是，我就卡在這裡。似乎就是少了什麼東西，讓我沒辦法繼續下去。就在我想要放棄的那天，卻有另一個想法閃過腦海，讓我對於這個證明的雛形，有了更明確的概念，也更知道該怎麼填補那個缺口；但是，我就是沒辦法真正完成。

經過一晚好好的休息之後，隔天我再仔細地研究這個問題。突然間，一個類比的平面幾何定理，就跑進我的腦袋裡。一時之間，我便相當肯定，我知道該怎麼做了，而我也真的把這個定理證明出來了。為什麼當時我能如此肯定呢？

事實上，**類比**是個很好的嚮導。立體幾何問題的解法，往往與類比的平面幾何問題有關（請參閱第74頁的類比第3到7點的討論）。因此，在我剛剛舉出的情形裡，一開始我便知道，最終的證明，可能會用到平面幾何裡的某個輔助定理。因此，當那個類比的平面幾何定理出現在我的腦海時，我的想法是：「這個定理有點像是我需要的輔助定理；它可能就是我所需要的那個定理。」

如果哥倫布與他的船員，曾費心把他們經驗說清楚，我們也會看到類似的推理過程。他們知道靠近陸地的海域長得什麼樣子；在那裡，會更經常出現從陸地飛來的海鳥、漂過來的樹枝或其他東西。這些船員當中，很多人一定已經有過類似的觀察。在他們看見聖薩爾瓦多島的前一天，出現在海上的漂流物如此頻繁，他們不禁會想：「陸地似乎已經近了；我們可能正在接近陸地。」而且「每

個人都因爲這些接近陸地的徵兆，感到歡欣鼓舞」，準備迎接歷史性的一天。

2 **象徵進展的啓發性特徵**。讓我們再針對一個關鍵點多囉唆幾句，對大家來說，也許這一點已經很明顯了，不過它非常重要，所以我們一定要把它弄得很清楚。

前面幾個例子裡的推理，雖然只能得出近乎正確的結論，卻很值得注意，也值得好好探究一番。讓我們一板一眼地重述其中一個例子：

如果我們正接近陸地，通常會看到鳥。

現在，我們看到鳥了。

因此，我們很可能正接近陸地。

如果我們把「很可能」這三個字從最後的結論中拿掉，那麼，它就是一個完全錯誤的結論。事實上，哥倫布和他的夥伴看到鳥的次數很多，但是每一次的結果都叫人失望。只有發現新大陸前一天的那一次，沒有讓他們失望。

結論裡出現「很可能」這三個字，是很合理又自然的事，但它絕不是一個證明，也不是一個明確的結論；它只是一個徵兆，一個富啓發性的暗示。如果忘記它只是個可能的結論，而認爲它是確切的結論，那麼便犯下了嚴重的錯誤。但是，如果完全無視於這個徵兆，那麼你就犯了更嚴重的錯誤。若把這一類的結論，視爲肯定的結論，你可能會受到誤導，感到失望；然而完全無視於這樣的結論，又將會毫無進展可言。

「富啓發性」是象徵進展的徵兆裡最為重要的特徵。我們應該相信它嗎？我們應該採用它嗎？是的，我們應該要採用它，但是，要謹慎地採用它；要相信它，同時也要留意別的可能性。切記，絕對不要放棄你自己的判斷！

3 一些明顯的徵兆：我們可以從另一個觀點，來看先前討論過的例子。

首先，當我們知道如何使用一個原本不知道該怎麼使用的已知數（例如棋盤上的白騎士）時，這就是一個代表著進展的徵兆。事實上，解題的關鍵就是**發現已知數和未知數之間的關係**。至少，若你面對的是一個敘述完整的題目，所有的已知數都必須派上用場，讓每一個已知數都與未知數產生關聯。因此，每當我們多知道一個已知數要如何使用，就表示了我們又向前邁進了一步。

在另一個例子裡，我們把條件裡的某個重要部分（三角形三邊長的關係）被列入考慮，視為有所進展的徵兆。一點也沒錯。事實上，解題需要**使用全部的條件**，所以，多考慮到條件的某個部分，就表示了我們的方向是正確的。

另外一個象徵進展的例子，是發現了一個較簡單的類比問題。事實上，類比是發明與創造的一個主要來源。如果其他方法都行不通，就應該試著**去想像一個類比的問題**。因此，如果有一個類比問題自然地在腦海中浮現，我們當然會備受鼓舞，感覺解答已經呼之欲出。

討論過這些例子之後，我們就有了比較整體的看法。某些特定的心智活動，對解題很有幫助。（其中最有用的活動，都已經收錄在本書裡了。）當這類的心智活動發揮功效，例如多使用了一個已

知數，多考慮到一部分的條件，或發現一個較簡單的類比問題等等，我們便會覺得看到了進展的徵兆。了解了這個關鍵點，就可以進一步討論其他類似徵兆的本質。我們現在該做的事，就是從這個新的觀點，把提示表列舉出的所有提問和建議，從頭檢視一遍。

因此，清楚理解未知數的本質，是一個進展。把已知數清楚地分門別類整理好，方便以後的使用，也是一個進展。能夠把條件的各個部分連貫起來，做整體的考慮，可能是一個關鍵的進展；能把條件妥善合理地分成不同的部分，也可能代表著向前邁進了一步。當我們發現一個容易想像的圖形，或是一個容易記憶的數學記法時，我們也很有理由相信自己取得了某些進展。回想起某個以前解過、而又與眼前相關的問題，很可能就是一個關鍵的突破。

其他還可依此類推。每一個清晰的思維過程，都相當於某種明顯的進展跡象。若依此觀點來看，本書的提示表其實就是解題進展的檢核表。

我們在提示表裡所列的所有提問和建議，都是很簡單、顯而易見、也很普通的常識。同樣地，解讀解題進展的徵兆，不需要什麼深奧難懂的學問，需要的只是一點常識，當然，還需要一些經驗。

4 **稍微模糊的徵兆**：當我們致力於解決某個問題時，對進展的感受會很敏感：進展快時，我們感到歡欣鼓舞；進展慢時，則令人沮喪難受。這份感受十分明顯，我們根本不必再多舉什麼其他的徵兆。心情、感受、還有對現況的一般看法，也都可以顯示我們的進展為何。

然而，要闡述這些徵兆並不容易。解題的新手，通常會說「感覺還不錯」或是「感覺不太好」；比較有經驗的人，可以表達出稍

微細膩的感受，例如「這是個周密的計畫」或是「不對，這裡還少了點什麼東西，看起來不太協調」。

　　然而，在這些很基本的、甚至也有些模糊的語彙中，卻隱含了相當正確的感受，讓我們很有信心地去遵守，而且往往也都引領我們走上正確的方向。如果這份感受很強烈，又來得很突然的話，就是我們所謂的「靈感」。人們通常不會懷疑所得到的靈感，所以偶而也會受到愚弄。事實上，我們對待這些感覺或靈感，與前述那些較明顯的徵兆，應該採取一樣的態度：相信，但不要盲目迷信。

　　跟著你的感覺走，但記得要時時帶著一絲懷疑。

5 **徵兆的功用**。假設我現在有個計畫。我相當清楚地知道該從何處著手，也知道第一步該怎麼走。然而，我所不確定的是，再接下來的路該怎麼走；我也不確定，我的計畫是否可行。但不管怎麼說，我都還有很長的路要走。因此，我小心地依照計畫，開始行動，並留意是否出現進展的徵兆。

　　如果沒有什麼跡象顯示我有進展，我自然會變得比較猶豫。而且，如果在一段漫長的時間之後，依然沒有出現什麼徵兆，那麼我可能會失去繼續前行的勇氣，開始回頭，並改走別的路。相反地，如果在前進的路途中，象徵進展的跡象頻繁出現，尤其有許多跡象一起出現時，我的猶疑會消失，精神會振奮，我也會更有信心地繼續前進，就像哥倫布在發現新大陸的前夕那樣。

　　進展的徵兆會引導行動。缺乏這些徵兆，可能是個警訊，告訴我們前面是個死胡同，可以節省我們很多時間與無謂的努力；相反地，當這些徵兆出現時，往往會鼓勵我們，更加集中心力在這個正確的方向上。

　　然而，徵兆也可能會騙人。有一次，由於沒有出現什麼進展的徵兆，我放棄了某條路線，然而，在我後方，有人也走相同路線，就因為多了那麼點堅持，多走了幾步，結果有了重要的發現；這件事讓我非常懊惱，至今一直耿耿於懷。他不僅僅比我多一些堅持與毅力，他還正確地辨識出一些我所沒有看出來的徵兆。同樣地，我也很可能興高采烈地，走在一條充滿了徵兆的路上，最後卻遇上一個出乎意外的、而又無法克服的障礙。

　　的確，在任何一個情形中，這些徵兆都可能會誤導我們，然而在大多數的情形下，它們都是正確的。獵人可能在某些的狩獵行動中，誤判了一些徵兆，導致空手而返，然而平均來說，正確的機率還是高一些，否則他就沒辦法靠打獵為生了。

　　要能正確判斷這些徵兆，需要經驗的幫忙。哥倫布的船員中，一定有人知道靠近陸地的海域長得什麼樣子，所以才能判斷是否已經離陸地近了。根據經驗，專家也會知道，在接近最終解答時，會看到什麼，感覺到什麼。與普通人相比，專家多知道一些徵兆，也能解讀得比較好，這份優勢，主要就是來自專門的知識。就像有經驗的獵人，可以注意到獵物走過的痕跡，甚至還能判斷這個痕跡是新的還是舊的；而比較沒經驗的生手，可能什麼也沒看到。

　　特別聰明的天才，可能正因為有超乎常人的敏銳感受力，才讓他們能夠注意到一般人所感受不到的細微跡象。

啓發式的三段論＊：在先前第2點的討論裡，提到過一個啓發式推理的模式，在此，我們將對此作進一步討論，並交代一些更專門的術語。我們把那個推理過程，重新寫成下列的形式：

> 如果我們正接近陸地，那麼我們通常會看到鳥。
> 現在，我們看到鳥。
> ─────────────────────
> 因此，我們正接近陸地的可能性提高了。

在水平線上方的敘述，可以稱為「前提」（premise），水平線下方的敘述，可以稱為「結論」（conclusion）。整個推理的模式，則稱為「啓發式的三段論」（heuristic syllogism）。

這裡的前提，與先前在第2點的討論，有相同的形式；但是，結論的用語則經過比較小心的選擇，讓它可以強調出某個特別的狀況。當初，哥倫布的船隊在出發之前，必然已經猜測到，此行西去，會發現新的陸地；而且，他們一定也有所根據，才會做出這樣的猜測。否則，根本就不會有那次的航行。

隨著船隊的前行，他們一定會去注意每個相關的事件，不論是大或小，看看這些事件是否能夠回答他們此行的主要問題：「我們是不是正在接近陸地？」他們的信心，隨著各個事件或徵兆的發生，而起起伏伏；對於是否能發現新大陸的信心，也隨著每個人的背景與個性，而有所不同。這整個航行最具戲劇張力的地方，就因為有這些起起落落。

─────────────────

用＊號標示的部分，為比較專門、比較技術性的討論。

　　剛剛所寫的啓發式三段論，顯示出這個信心程度變化所根據的理由。這種變化，在推理中扮演著最主要的角色；在這樣的場合中，用三段論的寫法，會比第2點討論裡所採用的寫法要好。

　　從哥倫布這個例子，我們可以寫出下列的一般推理模式：

> 如果A成立，那麼我們知道B也會成立。
> 現在，B果然成立了。
> ─────────────────
> 因此，A會成立的可能性提高了。

或是寫得更簡短：

$$\frac{\text{若A，則B}}{\text{A更有可能爲眞}}\ \text{B爲眞}$$

在最後這個簡潔的陳述裡，水平線的意義是「因此」，代表「蘊涵了某個結果」，是前提與結論之間的關鍵橋樑。

7 似真推理的本質＊：在這個小段落裡，我們要討論的是一個哲學問題。我們將盡量從實際、實用、而且非正式的角度出發，盡量避免以艱澀「高雅」的哲學方式來討論，儘管如此，別忘了，我們討論的畢竟是個哲學問題。我們的主題在「啓發式推理」，以及它的一種延伸，是某個重要、卻又無法得出確切結論的推理方式；它

─────────────────
用＊號標示的部分，爲比較專門、比較技術性的討論。

並沒有恰當的名稱，我們暫且稱之爲看似爲眞的推理（plausible reasoning），簡稱爲「似眞推理」。

讓發明家能相信自己想法的某個徵兆、幫助我們處理日常事務的許多消息、律師決定採用的間接證據、科學家歸納出來的結論、許許多多統計數據所宣揚的道理等等，所有的這些「證據」都有兩個共通的基本特質。第一，它們都沒辦法百分之百肯定某件事。第二，它們都有助於了解某件事或某個新知的概況；而且，對於非純數學或邏輯學的領域，以及對於所有與物質世界相關的知識，這類的推理都是不可或缺的。

由這類證據出發的推理方式，可以稱爲「啓發式推理」或「歸納推理」；若是希望避免使用重複的辭彙，也可稱爲看似爲眞的（似眞）推理。我們在此採納最後這個名詞。

前面所介紹的啓發式三段論，可以看成所有似眞推理方式中，最簡單、也最廣泛採用的方式。這讓我們想到一種古典的論證推理模式，也就是假言三段論的「否定後件式」（modus tollens），我們把這兩種推理方式做個比較：

論證式	啓發式
若A，則B	若A，則B
B爲假	B爲眞
A爲假	A更有可能爲眞

做這個比較，相當富有教育意義。它能幫助我們了解，似眞（啓發式、歸納式）推理的本質。

這兩種推理模式都有相同的第一個前提：

若 A，則 B

以及不同的第二個前提：

B 爲假　　　　　　　　　　B 爲眞

這兩個完全相反的敘述，卻有「相似的邏輯本質」，位在相同的「邏輯層級」上。這兩種推理的最大差異在於它們的結論：

A 爲假　　　　　　　　　A 更有可能爲眞

這兩個敘述所處的邏輯層級並不相同，而且與它們各自的前提的關係，在邏輯的本質上也不相同。

在論證式的三段論裡，結論與前提的邏輯本質都相同。此外，結論有完全、完整的陳述，而且也得到前提的充分支持。也就是說，如果我的鄰居和我，都同意接受這兩個前提，那麼不管我們的品味或信仰有多大的不同，我們也都得同意接受這個結論。

而在啓發式的三段論裡，結論與前提的邏輯本質不同；結論的邏輯本質比較含糊、比較不絕對，陳述也比較不完全。可以把這個結論比喻成物理學上的「作用力」：具有方向和強度。它把我們推向某個特定的方向：**A 比較有可能**爲眞。它也有一定的強度（作用力的大小）：A 變得**非常可能**爲眞，或是稍微可能爲眞。結論的陳述本身並不完全，也沒有得到前提的充分支持。**前提只蘊涵了結論的方向，卻沒有對其強度提供任何線索。**

對每個講求理性的人來說，這些前提意味著 A 會成立的可能性提高了（絕對不是降低了）。至於這個可能性有多高，我的鄰居和我可能就很難達成共識了，因爲我們的性情、背景、動機等等，可能

都很不相同。

在論證式的三段論裡，前提已經提供了得出結論所需要的**全部基礎**。如果兩個前提都成立，結論也必定會成立。如果有新的資訊出現，但不能改變這些前提，它自然也無法改變原有的結論。

另一方面，在啓發式的三段論裡，前提只提供了導出結論所需的**部分基礎**而已；前提所描述出的，只是整個基礎的「可見」部分而已，在這之外，還有一些未描述的、看不見的部分，是由其他東西所組成，例如背後的動機，或說不清楚的感覺等。

事實上，有某個新資訊出現時，很可能對這兩個前提完全沒有影響，卻讓我們對 A 得出完全相反的結論。根據上述啓發式三段論中的前提，而認爲 A 變得更可能爲眞，這其實只是一種合理的推論。不過，說不定隔天我們又發現別的理由，對所有的前提毫無影響，但卻讓 A 變得比較不可能成立，甚至完全不可能成立。也就是說，雖然可見的前提可能完全相同，但是因爲另一些不可見因素的干擾，就有可能會動搖、甚至完全推翻原有的結論。

以上這些討論，讓我們對啓發式、歸納式，還有其他一些「看似爲眞」推理的本質，有更深一層的理解。從單純的論證式邏輯來看，似眞推理的本質，實在讓人感到困惑與捉摸不定。因此，若希望讓似眞推理的研究方法更趨完備，看起來，更多較爲具體的例子、考慮其他類型的啓發式推論，以及對於機率觀念與其他同類型觀念的研究，似乎是不可或缺的。請參考筆者的另外一本著作《數學與似眞推理》（*Mathematics and Plausible Reasoning*）。

啓發式推理有其重要性，雖然它們沒辦法得出什麼確切的證明。釐清我們推理所根據的理由，也是非常重要的，雖然在很多看不到、想不到的地方，可能還存在一些更重要的理由。

特殊化

特殊化是把對某一集合中的對象的考量，移到對其中一個較小的集合，甚或只是某個單一對象上。特殊化通常有助於找出問題的解。

1 例題：已知一三角形，令其內切圓半徑為 r，外接圓半徑為 R，最長的高為 H，試證明：

$$r + R \leqq H$$

我們必須證明（或否證）這個定理，所以我們面對了一個「證明題」。

這個待證明的定理有點不尋常，因爲在與三角形有關的定理中，我們幾乎記不得哪一個有類似的結論。在無法可想的情況下，**我們可以從檢驗某些特例開始**，而所有三角形中，最特殊的莫過於正三角形了，也就是，

$$r = \frac{H}{3} \qquad R = \frac{2H}{3}$$

因此，在這個特例中，這個定理是正確的。

如果還是沒有想到別的想法，我們可以再試試**更極端的特例**。等腰三角形的形狀，隨著頂角的變化，可以有兩個極端的特例，一是頂角的角度爲 $0°$，另一是 $180°$。在第一個特例中，等腰三角形的底邊會消失，也就是，

$$r = 0 \qquad R = \frac{1}{2}H$$

因此，這個定理的推斷還是成立的。然而，在第二種特例中，等腰三角形的三個高都會消失，也就是，

$$r = 0 \qquad R = \infty \qquad H = 0$$

此時，這個推斷就不成立了。由此，我們已經證明出這個定理為假（不成立），也解決了這個證明題。

順帶一提，這個定理所宣稱的結論，對一個很扁平的等腰三角形，也就是頂角幾乎等於180°的情形，顯然也是不成立的。所以我們可以「正式」捨棄剛剛那個「不那麼正統」的特例。

2「規則是靠例外證明的。」這句有名的俗語是個笑話，專門用來嘲諷某個特定邏輯失效的情形。認真來說，真正的情形是，只要有一個例外存在，就可以全盤否定某個規則或「自以為是的真理」。從某個角度來看，想反駁這類的規則，最常用、也最有用的方法，就是很確切地呈現出一個與該規則不符的情形；某些學者稱之為**反例**（counter example）。

有個待證實的一般規則或聲明，針對某一組對象。若想推翻這個規則，我們把它特殊化，也就是從這組對象中，找出一個與規則不符的對象來。前述第1點討論裡的三角形，就是一個例子；我們從比較簡單的特例開始，沒有什麼特別的次序，隨機地從容易檢驗的特例著手，只要找到某個與規則敘述不符的情形，就已經可以成功地反駁這個規則。

然而，如果檢驗某個特例的結果，是與規則相符的，也許我們會從中得到某些啟示。例如，這個規則很可能是成立的，而剛剛的檢驗過程，可能讓我們知道該朝哪個方向著手證明；或是，如同第1

點所討論的例題，我們知道該從哪個方向，繼續從特例中去尋找反例；我們也許可以修改已檢驗過的特例，讓它變得更極端一些，或是想想有否其他類型的特例。

極端的情形往往有豐富的教育意義。假如有個學說，宣稱它適用於所有的哺乳類動物，那麼，它一定也會適用於特定的哺乳類動物，例如鯨魚。如果我們沒有忘記鯨魚也是一種哺乳類動物，那麼拿牠去檢驗這個學說，我們很可能可以推翻這個學說。原因在於，創造這個學說的人，當初可能沒有考慮到鯨魚這個特例。

然而，如果我們發現，這個學說對極端的特例也成立的話，這項歸納的證據會讓這個學說更站得住腳，只因為有希望的「例外」並不是真的例外。因此，這讓我們忍不住想把開頭那句玩笑話改成：「規則是靠有希望的例外來檢驗的。」

3 例子：假設有兩艘船，在不同的方向上做直線並等速的航行；已知它們在某時刻各自的速率與位置，試求兩艘船最接近的距離為何？

未知數是什麼？兩艘航行中的船之間最短的距離。這兩艘船必須當成質點來考慮，也就是要忽略它們的實體大小。

已知數是什麼？這兩個質點的初始位置，以及各自的速率。它們的運動速率與方向都是固定的（等速直線運動）。

條件是什麼？我們要能決定，這兩個運動中的質點（船）在何時有最短的距離。

畫圖，並引進合適的符號或記號。如圖19，點 A 與點 B 分別表示兩艘船的初始位置。圖中兩個帶有箭頭的線段（向量）AP 與 BQ，分別代表它們的速度；也就是在單位時間內，第一艘船從 A 航

圖19

行到 P，航行距離為線段 AP 的長，同理，第二艘船航行了線段 BQ 的距離。

　　未知數是什麼？ 當兩艘船分別沿著 AP 與 BQ 的方向航行時，它們相距最近時的距離。

　　現在，什麼是我們該找的東西，已經很明顯了。然而，如果我們只希望使用基本的方法，那麼對於該怎麼求出解答，還是沒有頭緒可言。這個問題並不容易，而且它有很多特殊的細微差異，或是可以說它有「太多的可能性」了。這些可能的變化包括：初始位置 A 與 B，以及它們的速率 AP 與 BQ，都可以有很多不同的變化；事實上，這四個點是可以完全任意選擇的。

　　現在，不管已知數是什麼，所得出來的解，必須能包括這些所有的可能性，然而，我們卻還不知道如何能讓某個解，去滿足所有

的可能性。面對這種有「太多可能性」的感覺時，我們腦中可能會很自然地浮現出底下這個提問：

要不要考慮一些相關、但比較容易解決的問題？例如，比較特殊的問題？當然，某個特殊的情形可以是：其中一艘船是靜止的。所以，我們可以假設在 B 點的船是下錨停著的，這代表 B 與 Q 兩點重合。此時，一艘靜止的船與一艘在直線上航行的船，二者間的最近距離，就是該點與該直線的垂直距離。

4 如果剛剛這個想法，讓你有個預感，認爲這個特例值得進一步思考，雖然它好像簡單到與原題目沒什麼關係，但是，卻可能可以幫助我們找到解答，那麼，這就是我們所說的靈感。

這裡有個相關的問題，一個你以前解決過的特殊問題。你能運用它嗎？你能運用它的結果？是否需要引進什麼輔助元素，才能讓這個解決過的問題派上用場？我們應該要去運用這個問題，但是該怎麼用？從 B 爲靜止的情形所得出的解，怎麼運用到 B 是運動中的情形呢？

靜止是運動的一個「特例」，然而，所有的運動都是相對的，所以不管 B 的速度爲何，我們都可以把它視爲是靜止的！也許底下的說法，會讓「相對運動」這個想法更清楚一些：我們假設這兩艘船（整個系統）有相同的速度，航行的速率大小與方向都相同，也就是說，這兩艘船的相對位置保持不變，相對距離也保持不變，這自然就是題目所要求的最短距離。

現在，我讓其中一艘船減速，減慢到變成靜止，如此一來，原問題就化約成剛剛已經解決的那個特例。接下來，我同時在 BQ 與 AP 這兩個速度向量上，加上一個與 BQ 方向相反、但大小相等的向

量。如此一來，就有了我們所需要的輔助元素，而讓先前解決過的特例問題，可以派上用場。

圖20中的 *BS* 就是兩船之間的最短距離。

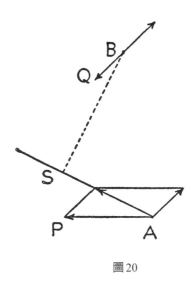

圖20

5 先前在第3點與第4點所討論的解題過程，有一個重要的邏輯思考模式，值得我們加以分析並記起來。

為了要解決原本的問題（在第3點的開頭幾行），我們先解決一個可以稱為「輔助問題」的問題（在第3點的最後幾行）。這個輔助問題，是原問題的一個特例（某一艘船是靜止的）。原始問題是別人給的，輔助問題則是因為要設法解決原始問題，而創造出來的。原始問題看起來很困難，輔助問題則稍微好一些，因為輔助問題本身是個特例，所以，與原始問題相比之下，顯得比較保守、比較沒有企圖心。為什麼我們能夠以輔助問題為基礎，來解決原始問題呢？

因為在把原始問題化約成輔助問題時，我們加入了一個很重要的額外想法（運動的相對性）。

我們之所以能成功地解決原始問題，要歸功於兩個想法。首先，我們創造出一個有用的輔助問題。其次，我們發現了一個重要的額外想法，可以讓輔助問題與原始問題取得關聯。這個過程，就像我們在一條「兩步寬」的溪流中間，幸運地找到一塊合適的墊腳石，讓我們可以順利過河。

總結來說，我們利用一個較簡單、較單純、特殊的輔助問題，把它當成墊腳石，來解決一個較困難、較複雜、一般的原始問題。

6　特殊化還有其他許多的用處，但是我們無法在此詳加討論。例如，在「你能驗算結果嗎？」（第98頁）的第2點討論中，我們提及特殊化可以用來驗算解答。

有一種比較基本的特殊化方法，常對老師的教學很有幫助。把數學問題中的抽象元素，**賦予較具體的解釋或例子**，就是這個特殊化的方法。

例如，問題中可能有個長方體，此時老師可以利用教室的形狀來做比喻（第一部第8節）。在立體解析幾何的問題中，教室的某個角落，可以用來作為座標原點，地板與兩面牆壁則可以用來作為座標平面，座標軸則是地板與牆壁的交接處。若需要解釋「旋轉曲面」（surface of revolution）的概念，老師可以用粉筆在門上隨意畫一條曲線，然後緩緩地把門打開或關上。

這些當然都只是一些教學上的小技巧，但是絕對不應該忽略，因為它們很可能有機會讓學生深刻地了解到：數學雖然是一門非常抽象的學問，但是也應該要能以很具體的方式來呈現。

潛意識的工作

有一天晚上，我與一位朋友在討論某位作者的作品，但是我卻忽然想不起這位作者的名字。當時，我實在覺得很懊惱，因為他的某部作品，我其實記得很清楚。我還記得他的一些私人故事，那也是我當時想說的事；事實上，我記得每一件事，就獨獨想不起來他的名字。我一再回想他的名字，卻徒勞無功。隔天早晨，就在我想到前晚那個令人懊惱的情形的同時，他的名字竟自然跳出來，而且不費吹灰之力。

你應該也有很多類似的經驗。甚至，如果你曾經很熱切地投入某個問題中，也許對那個問題，也會有類似的經驗：譬如你很努力、很投入、想要解決某個問題，卻一點收穫也沒有，然而在經過一晚充分的休息，或是中斷個幾天之後，忽然產生一個靈感，讓你輕易地就把那個問題給解決了。問題本質為何，並不重要；不論是回想人名、猜一個困難的字謎，或是解數學問題，都會產生這種情形。

這種經驗，讓我們體會到什麼是潛意識的工作。當我們對某個問題的思考，暫停了一段長時間之後，它又會以某種更為清晰的方式，回到我們的意識中，而且往往讓我們比當初中斷思考的時候，更為接近解答。是誰去釐清了這些思緒？是誰把我們帶向解答？很明顯地，答案正是我們自己，我們在潛意識裡完成了這些工作。除此之外，實在找不出其他的答案。

　　不論潛意識學說的價值為何，可以確定的是，在某個極限之後，我們就不應該太壓榨或強迫我們的意識去思考。在某些時候，暫時離開一下苦思很久的題目，並不是件壞事。「去找你的枕頭商量」，就是一句古老的建言。讓問題、也讓我們自己有休息的時間，往往在隔天就能更輕鬆地找到更多想法。「今天不行的，也許明天就可以了」，則是另一句古諺。

　　值得注意的是，在暫停思考之前，對問題的思考還是要先「告個段落」；至少要把能處理的小地方，先處理好，或是先大致釐清問題裡的某些層面。

　　只有是我們熱切期盼解答的問題，或是我們絞盡腦汁之後才暫停的問題，才會在下次再回來時，獲得「神奇的」改善；似乎唯有意識上的努力與辛勞，才能啟動潛意識，讓它為我們工作。若不是這樣，那麼天下就太平了；因為我們只需要靠睡覺與發呆，就能產生解決難題的靈感。

　　以前的人，認為突然得到靈感或好點子，是上帝的恩賜，所以有「神來之筆」的說法。但是事實上，你必須先有足夠的努力，或至少足夠的渴望，這份恩典才會降臨。

對 稱

對稱有兩個意義，一個是比較常見、比較狹義、屬於幾何上的意義，另一個則是比較少見、比較廣義、偏向邏輯上的意義。

基本的立體幾何考慮兩種對稱性，一是對某個平面（稱爲對稱平面）的對稱，另一是對某個點（稱爲對稱點）的對稱。人體看起來似乎是相當對稱的，但其實不然，許多內在的器官，是以很不對稱的關係排列在體內。一般的雕像，倒是可能完全對稱於某一個垂直的平面，因此，它的左右兩半部是可以完全「交換」的。

用比較一般性的字眼來描述，若某個整體的物件，其中有些可以互相交換的部分，那麼就可以稱這個物件是對稱的。對稱有許多種類；例如可交換部分的數目，或是某些交換部分的運作方式等。譬如說，正立方體是很對稱的；因爲它的六個面可以互相交換，它的八個頂點以及十二的邊，也都是可以互相交換的。另一個例子是下面的數學式：

$$yz + zx + xy$$

也可說是對稱的；因爲 x、y、z 三個字母中的任意兩個，彼此都可以互換，而且不會影響到原本的數學式。

一般說來，對稱性在啓發法裡，扮演相當重要的角色。假設一個問題具有某些方面的對稱性，我們往往能從一些可以互相交換的部分，找到解題的線索，而且這些可交換的部分，彼此之間的互動關係或所扮演的角色，也都會保持固定（參閱第84頁的輔助元素第3點討論）。

要以對稱的方式，來對待對稱的東西，而且不要莽撞、無理地破壞任何自然存在的對稱關係。然而，有時候，我們被迫必須以不對稱的方式，來對待對稱的事件。例如，一雙手套是左右對稱的，但卻沒有人可以用對稱的方式，來對待這雙手套，因為沒有人可以同時把兩隻手，同時套進兩隻手套裡；大家都是一手接一手地把手套戴起來。

對稱對驗算解答來說，也可能會很有幫助；請參閱第一部第14節。

解題的術語

描述解題活動所採用的一些術語，往往都沒有明確的意義。解題無疑是大家都熟悉的活動，而且也常常有所討論，然而，若真想把它交代清楚，就像其他許多的心智活動一樣，並不是那麼容易的工作。由於目前還缺少有系統的研究，因此沒有專門的術語來討論這些心智活動。此外，由於每位學者、作者各自的用詞不同，因此引進了許多「半專門」的術語，也增加了不少困擾。

底下這份簡短的清單，列舉了本書採用的一些新術語，與一些舊術語，分別包括我們避免使用的，以及保留下來的；雖然這幾個保留下來的舊術語，意義還是有些模糊。

我們建議讀者從實際的例子，來了解這些術語所代表的概念，否則，底下的討論，可能會引起一些誤解與疑問。

1 **分析**（analysis）一詞，在「帕普斯」（第 186 頁）裡有很適切的定義，它描述了一個構思解題計畫的典型方法：從未知數（或結論）開始，倒退推理，直到和已知數（或假設）取得聯繫為止。不過，很可惜，這個詞已經讓人賦予了太多不同的意義，例如，它在數學、化學或邏輯學上，都各自有不同的意義。因此，在我們討論解題活動時，必須避免使用這個詞。

2 在求解題中，**條件**（condition）表明了未知數和已知數之間的關係（參閱第 199 頁的求解題與證明題第 3 點的討論）。就這個意義而言，它很明確、很有用，自然也就不可避免。往往我們需要把條件分解成幾個不同的部分（例如在第 115 頁的分解與重組第 7 點的討論，其中的條件分解為部分(I)與部分(II)），只不過，我們得特別注意別讓原條件與各部分條件之間混淆不清；遇到這種情形時，不妨替各部分條件另外取個名字。

3 **假設**（hypothesis）是常見的數學定理中，一個非常重要的部分（參閱第 199 頁的求解題與證明題第 4 點的討論）。就這個意義而言，它非常清楚，也很讓人接受。與第 2 點相同，組成某定理的假設往往會由其他數個假設組成，做法類似，只要幫這個假設的各個組成部分另外取個名字就可以了。

4 問題的**主要部分**的定義，請參閱求解題與證明題（第 199 頁）的第 3 與第 4 點討論。

5 **求解題與證明題**是本書新引進的兩個術語，希望取代一些歷史上的用語，因為這些歷史用語的意義，和現代的用法完全不同，而且常引起很大的混淆。例如，在古希臘時期的拉丁文裡，求解題稱作「problema」，證明題則是「theorema」；而這兩類問題又有一個共同的名字叫作「propositio」。在舊式的數學語言裡，命題（proposition）、問題（problem）、定理（theorem）等字眼，都是沿用「歐氏幾何」的定義，然而這些詞語和我們現代的用法，已經完全不同了，這也就是我們必須在此引進新術語的原因。

6 **前進推理**（progressive reasoning）對不同的作者而言，有不同的意義，也有某些作者採用「綜合法」（參閱稍後的第9項）這個古老的意義。我們雖然也認為前進推理與綜合法的意義相同，但是並不採用這個術語。

7 **倒退推理**（regressive reasoning）同「分析法」的古老意義，某些作者也採這個用法（參閱第1與第6項）。我們雖然也認同，但是並不採用這個術語。

8 **解**（solution）。如果只考慮純數學上的意義，那麼「解」的意義是很明確的；它表示所有能符合「求解題」的條件的對象。因此，方程式 $x^2 - 3x + 2 = 0$ 的解就是它的兩個根：1與2。然而很不幸地，這個詞也有許多非數學上的意義，而且，許多數學家也把它的這些不同意義，混在一起使用。例如，在討論一個「困難的解」時，所謂的「解」可能是指「解決問題的過程」或「解題的想法」；在討論一個「漂亮的解」時，可能是指解題活動最終得出的

結果。因此，這個詞很可能同時會有三種含意。所以，當我們在討論「解」時，要謹慎地區分出這些不同。

9 綜合（synthesis）在「帕普斯」（第 186 頁）裡也有很適切的定義。不過，基於和「分析」相同的理由（參閱第 1 點的討論），在我們討論解題活動時，必須避免使用這個詞。

量綱檢驗法

在檢驗幾何公式或物理公式的時候，量綱檢驗法（test by dimension）是眾所皆知的一個快速又有效的方法。

1 讓我們以一個正圓錐臺（截頭圓錐體），來描述量綱檢驗法的具體做法。假設：

> R 為下底的半徑
> r 為上底的半徑
> h 為圓錐臺的高
> S 為圓錐臺的側表面積

如果 R、r、h 已知，S 顯然也可以決定了。經過計算，假設我們得出：

$$S = \pi(R + r)\sqrt{(R - r)^2 + h^2}$$

我們希望用量綱檢驗法，來驗算一下這個答案。

　　一個幾何上的量，它的量綱是很容易決定的。式子中的 R、r、h 都表示「長度」，如果採用公制的公分（cm），它們的「量綱」就是 cm；S 是個「面積」，單位是平方公分（cm²），量綱就是 cm²。最後剩下圓周率 $\pi = 3.14159...$，它只是個常數，沒有單位；如果硬要給一個純粹只有數值的量，寫出量綱，可以想成 cm⁰ = 1，即量綱為 1。

　　想要相加的每一個量，都必須有相同的量綱（若單位不同，則需稍作換算），而相加之後的總和，也會有相同的量綱。因此，R、r 與 $R + r$ 有相同的量綱 cm，而 $(R - r)^2$ 和 h^2 必須有相同的量綱 cm²。

　　乘積的量綱，就等於它的每個因子的量綱的乘積；一個量的冪方的量綱，也遵循類似的法則。知道這兩個與量綱有關的法則之後，我們就可以把這些量的量綱，代進先前的公式中：

$$cm^2 = 1 \cdot cm \cdot \sqrt{cm^2}$$

這顯然是對的，所以我們得出的側表面積公式通過了量綱檢驗。

　　另外的例子，請參考第一部第14節，以及「你能驗算結果嗎？」（第98頁）的第2點討論。

2 我們可以利用量綱檢驗法，來檢驗我們所得出的最後結果，或是解題過程的中間步驟；除了檢驗我們自己的工作，也可以檢驗別人的工作；考試時要驗算答案是否正確，或是回想起（猜測出）某個公式，但不確定它是否正確時，量綱檢驗法都非常有用，因為它的專長在於挑錯。

　　假設你記得 $4\pi r^2$ 與 $4\pi r^3/3$ 是與球體有關的兩個公式，但不確定

哪個是體積公式、哪個是面積公式，此時，量綱檢驗法保證可以很快消除你的疑慮。

3 與幾何學相比，量綱檢驗法在物理學中，扮演了更重要的角色。

以單擺問題為例。單擺是指一條細線吊著一個小型的重物，該細線的長度保持不變，而重量可以忽略不計。令 l 表示該細線的長度，g 代表重力加速度的大小，T 代表單擺週期。

根據力學上的結果，週期 T 只與 l 和 g 有關，但是具體的關係式未知。根據模糊的記憶，我們猜測這個關係式的形式可能是：

$$T = cl^m g^n$$

其中 c、m、n 是三個未知的常數；也就是說，我們假設週期 T，與 l 的 m 次方和 g 的 n 次方成正比。

現在我們從量綱來檢驗這個式子。由於週期 T 是時間（可選秒為單位），所以它的量綱是秒（sec）；擺長 l 是長度（可選公分為單位），所以它的量綱是公分（cm）；由基本物理學可知，重力加速度 g 的單位是 cm/sec^2，也可以表示成 cm$\cdot$sec^{-2}，所以它的量綱是 cm$\cdot$sec^{-2}；至於常數 c，它的量綱為 1。根據量綱檢驗法，上式可以改成：

$$sec = 1 \cdot (cm)^m \, (cm \, sec^{-2})^n$$

展開之後為：

$$sec = (cm)^{m+n} \, sec^{-2n}$$

現在，比較等號兩邊的量綱，可以得出：

$$0 = m + n \qquad 1 = -2n$$

也就是說，

$$n = -\frac{1}{2} \qquad m = \frac{1}{2}$$

因此，這個週期公式的形式一定為

$$T = cl^{\frac{1}{2}}g^{-\frac{1}{2}} = c\sqrt{\frac{l}{g}}$$

　　雖然量綱檢驗法在這個例子裡，產生出很豐碩的成果，然而它並不是萬能的。首先，它沒辦法告訴我們，常數 c 的具體數值為何（在此例中，$c = 2\pi$）。其次，它也沒辦法告訴我們，這個式子的適用範圍為何：這個公式只適用於小幅振盪的單擺，而且只是個近似值（需要是「擺幅無限小」的振盪，等號才會成立）。儘管有這兩個限制，我們還是可以藉由量綱的考量，很迅速地、而且用很基本的方法，預先掌握到最終結果的基本要素。

未來的數學家

　　未來的數學家應該是個聰明的解題人；然而，單單只是很會解題還不夠。將來他除了要能解決重要的數學問題之外，還要能事先發覺自己的天分所在，知道自己最適合從事哪一類的研究。

　　對他而言，最重要的工作，是回顧過去已經解決的問題。重新審視解題過程，以及最終答案的形式，他可以從中發現更多有趣的想法。

　　他會沉浸在問題的困難處或是解題的關鍵，試著去了解，當初是什麼東西絆住了他，又是什麼東西幫助了他。他會去尋找簡單又直覺的想法：你能一眼就了解這個問題嗎？

　　他也會去比較或發展不同的解題方法：你能用不同的方式，得出相同的解答嗎？他還會把剛解完的這個問題，和以前的例題作比較；或是根據這個剛解決的問題，去創造問題：你能運用這個結果或方法嗎？或是同時運用結果與方法呢？

　　他會極盡所能地去消化他自己所解決的問題，並從中組織自己的知識體系，以為將來作準備。

　　和大家一樣，未來數學家的學習方式，也是透過模仿與練習。他會去尋找合適的楷模。他會觀察好老師，向他們學習。他也會與朋友切磋，互相砥礪。

　　然後（也許是最重要的一點），他不會只讀時下的數學教科書，還會去讀別的好書，跨越時空，直到他發現某位作者的思維方式，正是他本來就欣賞而想去模仿的思維方式。

　　他會去享受、並尋找那些對他而言是簡單、有意義、或美麗的東西。他當然會解題，更會去選擇他所關切的問題來解，沉浸於其中，並創造新的問題。

　　經由這種種的方法與努力，他最終會找到人生中第一個重要的發現，就是：他喜歡什麼、不喜歡什麼，他的品味、個性，以及他的專長、興趣。

聰明的解題高手

聰明的解題高手，常常會拿類似於提示表裡所列的提問來問自己。也許，他自己早就發現一些相似的提問；或是從別人那裡，聽過某個提問，並發現合適的用法或時機。他很可能不自覺地一再重複某些相同的提問。

如果，其中的某個問題剛好是他的最愛，他就會知道（或體會到），那是他在某個解題階段的某一種心智活動，而且，他也會在適當的時機，藉由問自己這個適當的提問，來啟動適當的心智活動。

聰明的解題高手應該會覺得，我們提示表中的提問或建議是有幫助的。他應該很能了解，與某個提問相關的解釋與例子，他也會去思索每個提問的合適用法；然而，除非親身從解題過程中，體會到某個提問的適當用法與時機，以及它對解題的助益之後，他才會對提示表的內容有真正的理解。

聰明的解題高手應該已有預備，要去使用提示表裡的所有提問。不過，除非他**仔細思考過眼前的題目，而且有了自己的想法，**否則他不會問表上的任何一個提問。事實上，他要能自己判斷，眼前的狀況是否能讓這些提問成功地派上用場。

聰明的解題高手的第一要務，是要竭盡所能地了解問題。然而，單單了解問題並不夠，他要願意把心力專注在問題上，並有極度的渴望，希望能找出解答。如果他缺乏這份渴望，那麼他最好根本不要去碰那個問題。獲得真正成功的公開秘訣，其實就是「全心全意地投入」而已。

聰明的讀者

在閱讀數學相關書籍時，一位聰明的讀者會希望知道兩件事：

第一、眼前這個論證或解題步驟是正確的。

第二、眼前這個論證或解題步驟的目的。

在數學課堂上，願意動腦筋的學生，也會有相同的希望。如果看不出來眼前這個論證是正確的，或是懷疑它的正確性，那麼他可能會質疑，而且問問題。如果看不出眼前這個論證的目的，或是想不出它的目的為何，他通常就沒辦法想出明確的反對理由，因此他也不會去質疑，只是覺得不舒服而且無聊，然後對所討論的東西不知所云。

聰明的老師與聰明的教科書作者，應該要把這兩點謹記在心。寫下或說出正確的東西固然重要，卻是不夠的。如果不能把某個步驟的目的交代清楚，或是讓讀者或聽課的同學認為「這個步驟根本不是人想得出來的」，那麼光是在書本裡或黑板上，寫出一個正確無誤的推導過程，可能會讓人根本無法理解，甚或完全沒有教育意義。

因此，呈現解題過程或思考的方式，要讓讀者或聽者能有頭緒，讓他們也能自己推導出相同的步驟或論證。

如果老師或作者希望強調某個論證的緣由或目的，我們在提示表裡的提問與建議，應該很有幫助；特別是「已知數是否全都派上用場了？」這個提問。經由這個提問，老師或作者可以強調出，為什麼在解題時，要去考慮一個從未使用過的已知數。

問自己相同的提問，聽課的人或讀者也能幫助自己理解，某個步驟是如何導出來的；因為透過這個提問，自己大概也能得出相同的結論或想法。

傳統的數學教授

傳統數學教授給人的刻板印象是：心不在焉。他們常會在晴天時帶著雨傘出門；上課時喜歡背對著學生，面向黑板；常常手裡寫著 a，嘴巴講著 b，心裡想著 c，不過答案卻是 d。他們有些著名的口頭禪，會一代一代地流傳下來：

「解這個微分方程式的方法，就是盯著它看，一直盯到答案跑出來為止。」

「這個原理太一般化了，所以沒有什麼特殊的應用。」

「幾何是在錯誤的圖形上進行正確推理的藝術。」

「我克服困難的辦法，就是繞過它。」

「方法與想法的差別？可以使用兩次以上的想法，就叫作方法。」

當然，我們還是可以從這類傳統型老師身上學到一點東西。我們只是希望，那些讓你學不到東西的老師，不要變成一種傳統。

改變問題

　　前面提過，困在房間裡的飛蟲，會一直飛向擋在牠前面的窗玻璃，卻不會去試試旁邊開著的窗戶，那還是牠剛剛飛進來的地方呢！

　　走在迷宮裡的白老鼠就聰明多了；遇到路走不通的時候，牠會沿著牆壁走，一遇到空隙，就鑽過去，然後再沿著牆壁走，直到遇到下一個空隙。牠會不斷改變方式，嘗試各種可能性。

　　身為人類，我們應該有能力，甚至更有能力，以更聰明的方式，來改變我們的嘗試方法。「再試一次」是個很常聽到的建議，也是個很好的建議，飛蟲、白老鼠和我們人類，都遵循這個相同的建議；但是，如果有誰比較容易得到成功的嘗試，那是因為他知道怎麼更聰明地改變他所面對的問題。

1　在解題工作的末尾，當我們得出解答的時候，我們對題目的理解，與解題之初相比，會更完整也更恰當。剛接觸到某個問題時，我們會有個初步的理解，由於希望能更進一步地理解問題，我們會試著從不同的觀點或角度來看待這個問題。

　　能否成功解題的關鍵，取決於是否採用了正確的觀點，也就是**能否把火力集中在「要塞」的弱點上**。為了要知道哪個觀點是正確的，「要塞」的哪一邊是弱點所在，我們得嘗試不同的觀點，從不同的方向去攻擊「要塞」，意思就是：我們要改變問題。

2 改變問題是非常重要的，我們可以從很多方面來解釋它的重要性。例如，從某個特定的觀點來看，解題工作是動員並重組以前所學過的知識，因此，我們需要從記憶中，抽取出與眼前問題相關的種種元素。改變問題，正可以幫助我們抽取出正確的元素。為什麼？

我們的記憶，其實是一種「接觸作用」，稱為「心智聯結」。此刻出現在我們腦袋裡的某件事物，所會勾起的回憶，大都是在以前的某些時刻，與這件事物有過「接觸」或「聯結」的東西。（在此，我們沒有必要、也沒有篇幅去仔細討論關於記憶的聯結理論及其限制。）改變問題之後，我們會引進新的觀點，所以我們能製造出一些新的「接觸點」，提高回憶起相關事物的可能性。

3 在面對一個有價值的問題時，我們不能期待自己可以毫不專心、不費吹灰之力地就解決這樣的問題。然而，當我們集中心力，專注在同一件事物上時，我們很快就會感到疲勞。為了要能持續地保持注意力，我們所關注的那個主題，必須有一定的新鮮度。

如果我們有所進展，那麼過程中一直會有新的工作可以做，有新的想法需要去檢驗，也就可以很容易地保持注意力，維持興趣。然而，如果進度受阻，我們的注意力會衰退，興趣減弱，感覺很疲勞，思緒不能集中，而且很容易放棄那個問題。為了避免這些狀況，我們必須「換湯不換藥」，讓自己面對新的問題。

新的問題可以帶給我們新的線索，幫助回憶起相關的知識。改變問題，可以讓我們對問題產生新的觀點，重燃我們對它的興趣。

4 例題：試求某正方角錐臺的體積。已知下底的正方形邊長為 a，上底的正方形邊長為 b，高為 h。

這個題目也許可以出給熟悉角柱或角錐體積公式的同學。萬一學生沒有什麼自己的想法，那麼老師可以改變已知數，來刺激學生思考。

我們從 $a > b$ 的角錐臺開始。如果 b 逐漸增加到與 a 相等，是什麼狀況？此時，這個角錐臺變成角柱，它的體積是 a^2h。當 b 逐漸減小到等於 0 時，又是什麼狀況？此時，角錐臺變成角錐，體積是 $a^2h/3$。

首先，這些改變已知數的方式，增加了題目的趣味。其次，它可能提供了一些線索，來使用角柱或角錐的體積公式。不管怎麼說，我們已經知道了最終解答的一個特性：當 $b = a$ 時，答案必須變為 a^2h；當 $b = 0$ 時，答案必須變為 $a^2h/3$。

能夠事先知道解答的性質，是個莫大的好處；它不僅能提供很好的建議，而且在最終得出解答的時候，我們也知道該怎麼去驗算，也就是說，我們已經事先知道該怎麼回答底下這個提問：<u>你能驗算結果嗎？</u>（參閱該節的第 2 點討論，見第 98 頁。）

5 例題：已知梯形的四個邊 a、b、c、d，作此梯形。

令 a 為下底，c 為上底；a 與 c 平行，但不等長，而 b 與 d 不平行。我們可以從改變已知數開始。

先考慮 $a > c$ 的梯形。當 c 減小到等於 0 的時候，是什麼情況？此時的梯形會「退化」成三角形。對我們來說，三角形是比較熟悉而簡單的圖形，只要能知道三個邊長，我們就知道該怎麼把它畫出來；若能把這個三角形引進圖形裡，可能會有些幫助。

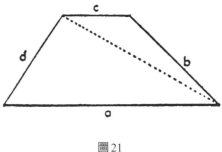

圖21

在梯形的圖形中,我們可以用一條輔助線,也就是梯形的對角線,得出一個三角形(如圖21)。然而我們卻發現,畫出這個三角形,根本沒有什麼幫助。因為,在這個三角形中,我們只有兩個已知數,a 與 d,但是在畫出一個三角形時,我們其實需要三個已知數。

我們再試試別的方式。當 c 逐漸增加到與 a 相等的時候,又是什麼情況?此時的梯形會變成平行四邊形,如圖22所示。

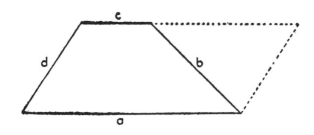

圖22

　　我們能夠使用它嗎？稍微留意一下這個圖形，我們會發現，在畫這個平行四邊形的時候，有一個三角形新增到原本的梯形圖形中。這個三角形很容易畫出來，因為我們已經知道它的三邊長分別是：b、d與$a-c$。

　　改變了原始問題（梯形的作圖題）之後，我們得出一個比較容易求解的輔助問題（三角形的作圖題）。然後，只要利用輔助問題的結果，我們很容易就可以得出原始問題的解：只要把平行四邊形畫出來即可。

　　這是一個很典型的例題，而我們一開始的失敗嘗試，也是常常會發生的。回顧剛剛的解題過程，我們也許會發現，一開始的失敗嘗試，並不是毫無意義的。尤其是它會讓我們想到，也許我們可以從畫一個三角形開始。事實上，我們之所以能得出第二個成功的嘗試，就是因為我們修改了這個不怎麼成功的第一個想法：我們改變c的大小，先試著減小，再試著增大。

6 如同先前的例子，我們通常得不只一次地修改問題。我們得一再地改變、重述以及轉換問題，直到找到某個有幫助的線索為止。我們也許會從錯誤中學到教訓，或是從失敗的嘗試中得到好的想法，或是藉由修改不成功的嘗試方式，而找到比較可行的方式。通常，經過幾次嘗試之後，我們都能找到有助益的輔助問題。

7 一般說來，改變問題的方法包括：回到定義（頁125）、分解與重組（頁115）、引進輔助元素（頁84）、一般化（頁149）、特殊化（頁238），或是運用類比（頁74）。

8 如同第3點討論裡所說的，新問題可以重燃我們對問題的興趣；這正凸顯出我們的提示表的重要性。

老師可以利用這個提示表來幫助學生。如果學生的解題工作有進展，他並不需要特別的幫助，老師也不應該拿任何的提問去煩他，只需要讓他持續下去即可，這對培養他的獨立性而言，是個重要的做法。當然，學生遇到挫折時，老師應該試著找一些合適的提問或建議，來幫他脫困，否則，學生很可能因此覺得疲累或沒有成就感，或是失去興趣，而完全放棄解題。

此外，我們也可以利用這個提示表，來幫助我們自己。當解題的進展順利，新的想法源源不絕時，生硬地從提示表中，拿出一些不相干的想法來干擾自己，無疑是件蠢事。

但是，萬一在某個關卡百思不得其解，心生放棄的念頭，此時就該跳脫出來，想想一些比較一般性的想法，而提示表中的提問與建議，也許正好可以派上用場。

凡是有助於我們換個角度看問題的提問，都值得一問，因為它可能會重燃我們的興趣，讓我們持續地思考原來的問題。

未知數是什麼？

未知數是什麼？題目要求的是什麼？你要得是什麼？你應該要找的是什麼？

已知數是什麼？什麼是已經給了的？你有什麼東西？

條件是什麼？已知數和未知數之間，藉由著什麼關係聯繫起來？

老師可以利用這些提問，來看看學生有多麼了解問題；學生則是應該要能很清楚地回答這些問題。此外，這些問題可以幫助學生，把注意力集中在「求解題」的三個主要部分：未知數、已知數和條件。

由於可能需要一再地重複這三個部分，所以這些提問，即使到解題的末尾，也可能會常常重複出現。（請參考第一部第 8 、 10 、 18 與 20 小節的例題；第 220 頁的列方程式第 3 、 4 點討論；第 194 頁的實際的問題第 1 點討論；第 206 頁的字謎以及其他章節。）

對解題的人來說，這幾個提問，是最重要的幾個提問。它們能讓解題的人看看自己是否了解問題，也能幫他把注意力集中在問題的這幾個主要部分上。**解題的關鍵，就在於把未知數和已知數拉上關係**。因此，解題的人需要一再地把注意力集中在這兩個元素上：未知數是什麼？已知數是什麼？

一個問題可能有很多個未知數；也可能是條件有很多不同的部分，需要個別考慮；或是，把個別的未知數，獨立出來考慮。因此，可以有很多不同的方式來修改這些提問：有哪些未知數？第一個已知數是什麼？這個條件有哪些不同的部分？這些部分條件的第

一項是什麼？

「證明題」的主要部分是假設與結論，因此，相關的提問是：假設是什麼？結論是什麼？在口語上，我們也許需要對這些提問稍作修飾：你可以作何假設？你的假設包含了哪些不同的部分？（請參考第一部第19節的例題。）

爲什麼要證明？

有個關於牛頓的傳聞：據說他小時候，跟大多數同時代的小孩一樣，也必須讀歐幾里得的《幾何原本》。在讀定理的時候，他看得出來定理是正確的，於是就把證明給省略了。他覺得很奇怪，爲什麼要這麼辛苦地去證明，那些顯然是正確的道理。然而，多年之後，他改變了立場，開始認同歐幾里得。

這個傳聞可能是眞實的，也可能只是虛構的，然而，故事裡的問題卻很實在：我們爲什麼要學（或教）證明題呢？究竟是完全不需要證明、全部都需要經過完整證明，還是只要證明某部分就好？如果只有某部分的定理或知識需要證明，那麼又是哪些部分呢？

1 完整證明：對某些邏輯學家來說，只有經過完整證明的東西，才是眞實存在的東西。至於證明的要求，必須要嚴謹，沒有漏洞，也沒有任何的不確定性，否則便稱不上是個證明。試想，在日常生活中、法律訴訟上，或是自然科學裡，我們能找到多少個滿足這種高標準的證明呢？答案是很少！那麼，「完整證明」這個觀念，究竟從何而來？

　　誇大一點來說，我們之所以能理解何謂「完整證明」，完全要歸功於一個人和一本書：歐幾里得，和他的《幾何原本》。話說回來，基礎平面幾何的學習，還是提供了理解「嚴謹證明」這個理念的最佳機會。

　　我們以底下這個定理的證明爲例：對任意三角形，三內角的和等於兩個直角❽。圖23是大家都很熟悉的圖形，不必多做解釋。圖中，通過頂點A的直線與底邊BC平行。

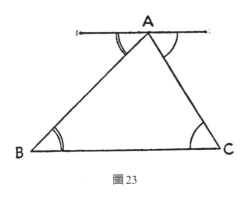

圖23

　　由於內錯角相等，所以圖中的角B和角C，分別等於以A爲頂點的兩個角，如圖所示。因此，三角形三個內角的和，就等於以爲A爲頂點的三個角的和，而這三個角形成一條直線，也就是兩個直角，所以該定理得證。

---

❽ 這個定理是《幾何原本》第一卷命題32裡的一部分。這裡介紹的證明方法在古希臘時期已經眾所皆知，並不是歐幾里得發明的。

　　如果有位學生，上完數學課之後，對幾個類似的定理沒能有眞正的理解的話，那麼，他實在有資格站起來，大聲責備他的學校以及老師。事實上，我們要能區分事情的重要性。

　　如果學生沒有學會特定的「幾何知識」，其實關係不大，因爲他日後可能根本用不到這些知識；然而，要是他沒有學會「幾何證明」的話，那麼，他就錯過了最佳、也最簡單的眞實證據，也錯失了熟悉嚴格推理概念的良機。缺乏這個概念，他便缺少一種眞正的評斷標準，來看待他在未來生活中需要面對的，有待商榷的種種證據。

　　總之，如果國民普及教育的目標之一，是要讓學生知道何謂「直覺證據」，以及何謂「邏輯推理」，那麼，幾何證明的訓練是絕對不能少的。

2 **邏輯體系**：如同歐幾里得在《幾何原本》裡所呈現的，幾何學不僅是一堆事實所堆砌起來的清單，它其實是一個完整的邏輯體系。《原本》裡的公理、定義與命題，並不是一份隨意羅列的清單，而是經過精心設計，才決定它們出現的先後次序。每一個命題的出現，都可以從它之前的公理、定義或其他命題找到根據。決定出這些命題的先後次序，可說是歐幾里得的主要成就，而《原本》最大的貢獻，就是它的邏輯體系。

　　歐氏幾何學，不僅是邏輯體系而已，它是這種體系的第一個，也是最偉大的一個例子；許多其他的學門都曾努力，或還在努力，希望能模仿出這樣的邏輯體系。然而，這些其他學門，特別是距離幾何學有點遠的，例如心理學、法理學等，是否應該去模仿這種歐幾里得式的嚴謹邏輯？這是個值得討論的問題；然而，若是不懂歐氏的思維體系，卻又沒辦法勝任或參與這樣的討論。

現在，這個幾何體系，與「證明」牢不可分地緊密結合在一起。每一個命題，都透過證明的過程，與它先前的公理、定義或命題有所關聯。若不了解這些證明過程，就無法了解這個邏輯體系的本質。

簡言之，還是那句話：如果普及教育的目標之一，是要讓學生知道什麼是邏輯體系，那麼，幾何證明的訓練是絕對不能少的。

3 記憶術：筆者完全不認為，學習直覺證據、嚴格推理與邏輯體系是多餘的。有的時候，由於時間限制或其他原因，學習這些概念或推理過程，也許不是絕對必要，即使如此，證明還是有存在的價值。

證明產生出證據；證明也建立起邏輯系統；而且，證明還能幫我們把一些不同的事件或事實，串聯起來，而有助於記憶。以先前討論過的例題為例，圖23為「三角形三內角和等於180°」提供了很好的證據。

此外，圖23也把它和「內錯角相等」這件事，一起串聯起來。一連串有關聯的事物，會比較有趣，也會比一堆互不相干的事物，容易記憶與回想。譬如，上述這兩個幾何命題或性質，便是透過圖23，在我們的腦海裡產生關聯，而且，這個圖與這些性質，最後很可能會變成我們腦袋中不可分離的財產。

現在，我們來思考下面這個論點：學習一般性的想法或普遍的原則，並不是必需的，重點應擺在學習一些特定的事實或事件。就算我們接受這個論點，我們也必須藉由某種程度的關聯或系統，來呈現這些事實或事件，否則，要去記住一堆互不相干的事件，實在是吃力不討好的工作。所以，任何能簡單而又自然地把這些事件串

聯起來的方法,能幫助記憶更持久的辦法,應該都是受到歡迎的。

　　所以,就算不討論是否合乎邏輯,只是單純地要幫助記憶,或說是建立一個**記憶系統**,「證明」還是一個很有效的工具,特別是一些簡單的證明。例如,學生可以被動地學到「三角形內角和等於180°」以及「內錯角相等」這兩件事,然而,還有什麼比圖23更簡單、更自然、更有效的方法,可以讓你同時記憶這兩件事?

　　簡言之,就算看不出一般性的邏輯證明有何重要,但它至少是幫助記憶的實用工具。

4 **食譜的等級**:雖然我們一直在討論證明的優點,但是我們並不認為,應該鉅細靡遺地寫出所有的證明。相反地,在某些情形下,證明是不得不省略的;給工科學生的微積分課程,就是最好的例子。

　　如果要依現代對嚴謹的標準來呈現微積分的話,很多的證明,其實具有相當的難度與複雜度。然而,對工科的學生來說,學習微積分的主要目的在於應用,他們既沒有時間,也沒有足夠的訓練或興趣,去了解冗長的證明過程,或是去欣賞其中的微妙之處。因此有人主張,應該要取消所有的證明過程。但是如此一來,我們就等於把工科微積分,降到「食譜」的等級。

　　食譜對於烹飪某道菜所需的材料與步驟,都有非常清楚的描述,然而它並沒提供任何的證據或理由。它的證據就是最後做出來的布丁好不好吃而已;當然,就做出一個布丁而言,食譜已經能夠充分地達成目標。此外,食譜也不需要有任何的邏輯或記憶系統,因為食譜都是寫好或印刷好的,烹飪某道菜時,就擺在爐子旁邊對照著看,沒有人會想要用腦袋去記食譜。

　　然而，微積分教科書的作者或大學裡的老師，如果採納編寫食譜的方式來寫書或教學，就很難達到教微積分的目標。如果他只教步驟，不教證明，那麼這個動機不明的步驟，會讓人覺得無法理解；如果他只列出規則，而不說明理由，那麼這些規則或公式很容易就會被遺忘。**檢驗數學的方式，與試吃布丁是否好吃，是完全不同的**。如果我們移除所有的推理過程，那麼，這門微積分的課，就像是一個大雜燴，硬是把一大堆食物煮在一起，讓人無法消化。

5 不完整的證明：要避免過於繁複的證明過程，又要不流於食譜的等級，最好的處理方式，莫過於適當地使用不完整的證明。

　　對嚴謹的邏輯學者來說，不完整的證明等於沒有證明。當然，我們必須妥善地區分不完整的證明與完整的證明；把這兩個混為一談，當然不是好事，然而，若是想用不完整證明來取代完整證明，則是更糟糕的事。如果教科書作者以曖昧的方式，或是帶著既卑又亢的遲疑態度，想魚目混珠，把不完整證明偽裝成完整證明，讀到這樣的推論過程，實在會讓人非常難受。

　　然而，若是把不完整證明，以合適的方式，擺在合適的地方，那麼這將會是一個很有好處的做法。這麼做的目的，並不在於要取代完整證明（這也是完全不可能的事），而是要讓所呈現出來的內容，顯得更有趣，也更具一致性。

　　例 1：一個 n 次方程式，必有 n 個根。 高斯把這個命題稱作「代數基本定理」。很多學生，在有能力了解它的證明過程之前，就已經知道這個定理了；他們都知道**一次方程式有一個根，二次方程式會有二個根**。然而，這個困難的命題，有個比較容易證明的部分：沒有任何一個 n 次方程式，有超過 n 個不同的根。

　　上述這些事實，是否構成了代數基本定理的完整證明？當然沒有。然而，這些事實已經足以引起學生的興趣，讓他們相信這個命題是正確的。此外，這些事實也足以讓學生記得這個命題了；這才是最重要的。

　　例 2：三面角的各邊所形成的三個平面角中，任兩角的和必大於第三角。 顯然地，這個定理等於是在說：球面三角形中，任意兩邊的和，必大於第三邊。了解到這一點時，我們很自然會聯想到，球面三角形與直線三角形之間的類比關係。

　　這個關於類比的說法，能否構成一個證明？完全不能，但是，它們已經可以幫助我們了解並記得最先提到的那個困難的定理。

　　第一個例子是相當有歷史意義的。大約有 250 年的時間，人們在沒有完整證明的情況下，便接受並相信這個基本定理；事實上，他們當時對這個定理的理解，差不多就是我們上面所說的那些。

　　至於第二個例子，則顯示出類比（第 74 頁）是猜測的重要來源。數學與其他的自然科學一樣，許多的發現都是從觀察、類比和歸納開始的。這些方法，在形成啟發式推理的過程中，常被使用；特別是在物理學與工程領域裡（參閱第 157 頁的歸納與數學歸納法第 1、2、3 點的討論）。

　　在某種程度上，我們已經藉由解題過程的討論，大致說明了不完整證明的角色與價值。此外，某些解題經驗也告訴我們，證明時的一些初始想法，往往也都不是完整的。最基本的觀念、最重要的關聯，以及思考的方向，也許在證明的一開始就有了，但是，還有很多細節需要在後來補足，而且往往需要經過一番掙扎與努力。

　　有一些作者（不是很多）在呈現解題的初始想法上，很有天分，能以很簡單明瞭的方式，就勾勒出主要概念，並能指引出其餘細節的特質，或思考方向。這樣的呈現方式，也許並不完整，但可能比許多完整證明更具啓發性及教育意義。

　　總而言之，如果我們的目標是在呈現連貫性，而非嚴格的邏輯一致性，那麼，不完整的證明可以作爲一種有用的輔助記憶工具（但絕不能用來取代完整證明）。

　　鼓勵使用不完整的證明，是件危險的事。因爲，過猶不及，所以，底下這幾條「使用規則」要特別注意遵守。首先，如果某個證明是不完整的，一定要透過某種方式或在某個合適的地方，明確地指出來。其次，若作者或老師本身，對某個定理的完整證明了解得不很清楚，就沒有資格自己提出一個不完整的證明。

　　最後，我們不得不承認，想要恰到好處地呈現不完整的證明，並不是一件容易的事。

諺語的智慧

解題在本質上是人類行為。事實上，在我們能意識到的思考中，有很大一部分都跟問題有關。撇開冥思及發呆作白日夢不算，我們大部分的思維活動，都有某個目的；我們是在尋找方法，解決問題。

就達成目標、解決問題而言，有些人比較容易成功，有些人則比較困難。這樣的差異，經常受到注意，也有廣泛的討論與評論，而且有許多精髓，就藏在諺語裡。

有許多諺語明確地指出解題應有的步驟、相關的常識、常見的技巧、以及常犯的錯誤等。當然，諺語中有許多睿智的格言，但是隱藏在諺語裡的智慧，顯然並沒有經過科學化、系統化的整理，所以也有不少看似矛盾或晦澀的言詞。例如，許多的諺語，都可以找到另一個諺語，給的是完全相反的建言。而且，對諺語的詮釋，也有很大的自由度。因此，若把諺語當成放諸四海皆準的智慧，未免過於無知，但是，若完全忽略諺語帶給我們的啟示，又太可惜了。

如果能收集所有關於解題的諺語，並加以整理及分門別類，可能是件有意思的工作。不過，由於篇幅的限制，我們能做到的就是針對提示表中所說的主要解題階段，引用一些相關的諺語；我們在第一部第6小節到第14小節，以及小辭典中的相關部分，都有過類似的討論。

1 關於解題的第一件工作就是「了解問題」：

如果一知半解，回答得也不清不楚。

（Who understands ill, answers ill.）

要明確地知道我們的目標為何：

　　動手前，就要把結果想清楚。

（Think on the end before you begin.）

還有拉丁文裡說的：

　　專注在結果上。

不幸地，並不是每個人都有留意或遵守這些好的建議，而且，人們通常在對目標還沒有明確的理解之前，就開始臆測、談論，甚或匆忙地採取行動。

　　愚人只看著起點，智者卻已考慮終點。

（A fool looks to the beginning, a wise man regards the end.）

若對最後的目標沒有明確的認識，我們會很容易迷失在問題裡，而放棄它。

　　聰明的人從終點開始，愚昧的人卻在起點結束。

（A wise man begins in the end, a fool ends in the beginning.）

當然，只有了解問題是不夠的，我們還必須對解答有份渴望。面對難題時，缺乏鬥志，是絕對找不出解決的辦法的；有鬥志、有渴望，還有點機會。

　　有志者，事竟成。

2 構思解題計畫，找到合適的想法，是解題行動中的主要成就。好點子是一份好運、一個靈感，也是上天的禮物，所以我們必須讓自己值得擁有這份禮物：

　　勤勉為好運之母。（Diligence is the mother of good luck.）

勝利是屬於堅忍到最後一刻的人。（Perseverance kills the game.）

橡樹是不可能一擊就倒的。（An oak is not felled at one stroke.）

一試不成，要再試二次。

（If at first you don't succeed, try, try again.）

然而，以同樣的方式，試再多次，都是徒勞無功的，我們必須試用不同的方式，改變嘗試的方法。

要試過鑰匙圈上的每一把鑰匙才行。

（Try all the keys in the bunch.）

每一種木頭都可以拿來作成弓箭。

（Arrows are made of all sorts of wood.）

我們必須視狀況，調整我們的嘗試方式：

趁風揚帆。（As the wind blows you must set your sail.）

有多少布，就裁多大件的外套。

（Cut your coat according to the cloth.）

能做的事先做，做不到的事先不管。

（We must do as we may if we can't do as we would.）

這次如果沒有成功，換別的方式再試試。

智者改變自己的想法，愚者則堅持己見。

（A wise man changes his mind, a fool never does.）

甚至，我們應該從一開始，就應該要有危機意識，多設想一個預備計畫：

弓上最好有兩條弦。（Have two strings to your bow.）

當然，我們也可能矯枉過正，浪費太多時間在舉棋不定，一直不斷地變更計畫。因此，我們可能聽到諷刺的說法：

翻來覆去，一整天也不夠用。

（Do and undo, the day is long enough.）

總之，如果能目不轉睛地盯著目標，也許就會少犯一點錯誤：

釣魚的結果在魚，不在釣。

（The end of fishing is not angling but catching.）

在構思計畫時，我們會很努力地去回想，是否有什麼有用的東西，不過，當有用的想法浮現時，往往我們又不會注意到它，因為它們實在不怎麼特別。其實，專家會產生的想法，並不見得比一般人多，但是他比較有能力挑出、或注意到有用的想法，而且也更會妥善運用。

聰明人不僅找機會，更利用機會。

（A wise man will make more opportunities than he finds.）

聰明人會把手上的變成工具。

（A wise man will make tools of what comes to hand.）

有智慧的人，把機會轉成好運。

（A wise man turns chance into good fortune.）

或者，也有可能，專家的優勢是因為他們站在機會的瞭望台上。

留一隻眼睛給好機會。　（Have an eye to the main chance.）

3 我們應該要在適當的時候，開始執行計畫；也就是，當時機「成熟」之時，而不是在那之前。我們不應該匆忙地採取行動：

三思而後行

先試再信。　（Try before you trust.）

有智慧的耽擱會讓路途更平安。

（A wise delay makes the road safe.）

另一方面，我們也不能猶豫太久：

> 只要乘船而不要危險的唯一辦法，就是不要把船放到海上。
>
> （If you will sail without danger you must never put to sea.）
>
> 做最可能的事，抱最大的希望。
>
> （Do the likeliest and hope the best.）
>
> 謀事在人，成事在天。
>
> （Use the means and God will give the blessing.）

我們必須自行判斷，什麼時候才是適當的時機。有個適時的提醒，指出我們最常有的迷思及最常見的判斷失誤：

> 我們太快相信我們想要的東西。
>
> （We soon believe what we desire.）

我們的計畫通常只是一般性的大綱而已。在執行計畫時，我們要能確定，每個步驟及每個細節是與計畫相吻合的，所以，我們得細心地逐步檢驗每個細節：

> 樓梯是一階一階爬的。
>
> （Step after step the ladder is ascended.）
>
> 像貓一樣，一口一口慢慢吃。
>
> （Little by little as the cat ate the flickle.）
>
> 按部就班。

在執行計畫時，我們往往得小心地決定每個步驟的先後次序，而它通常與發明的次序相反：

> 愚笨的人要等到最後才會做的事，聰明的人在一開始就會先把它做好。
>
> （What a fool does at last, a wise man does at first.）

4 回顧解答過程，是整個解題工作中重要的一環，也是很有教育意義和啟發性的一個步驟。

不再想第二次，就不會有好想法。

（He thinks not well that thinks not again.）

第二個想法才是最好的想法。（Second thoughts are best.）

再次地檢查解題過程，我們的結果也許能得到再一次的確證；只不過，初學者往往不能體會再次確證的價值：有兩個證明，比只有一個來得強。

有備無患。

5 我們無意去列出所有與解題相關的諺語。然而，相信其他許多未列在這裡的諺語，也沒辦法提供新的主題，頂多只是稍加修改目前已經討論過的主題而已。此外，一般常見的諺語，並不包括某些更系統化、更細微的解題思考。

筆者有時也會模仿諺語的方式，試著描述這些更有系統、或更精緻的解題思維。當然，這絕對不是件容易的工作。底下是筆者自創的幾個：

結果會告訴你該怎麼做。

你有五個最好的朋友，他們的名字是：什麼（What）、為什麼（Why）、哪裡（Where）、何時（When）與如何（How）。你在尋求建議時，只要去問什麼、為什麼、哪裡、何時與如何這五個朋友，而不要去問其他任何人。

不要相信任何事情，只要懷疑值得懷疑的事。

留意你發現第一個香菇或第一個機會的地方，因為機會和香菇一樣，都是一群一群長在一起的。

倒推法

如果我們想要了解人類行為，我們也應該要把人類行為拿來和動物行為比一比。動物也會「遭遇問題」，因此也會「解決問題」。在近十年裡，實驗心理學家在研究各種動物的「解題行為」上，有長足的進步。我們無法在此具體介紹這些細節，不過，我們倒是可以介紹一個既簡單又具啟發性的實驗，而且，這個介紹可以作為「分析法」或「倒推法」的一個註釋。

我們已在「帕普斯」（第186頁）一節裡討論過分析法，在這裡，我們將進一步詳細解釋「倒推法」。

1 讓我們從底下這個有趣的問題開始：**假設你只有兩個小水桶，一個的容積是4品脫，另一個是9品脫，要如何從河中舀出6品脫的水？**

我們先仔細想想我們有什麼工具？兩個小水桶。（已知數是什麼？）我們可以把它們想像成是兩個圓柱形容器，有相同的底面積，一個的高是9，另一個的高是4，如圖24所示。

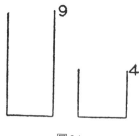

圖24

如果這兩個水桶的側面，有等間隔的刻度，那麼問題就容易了。然而，這樣的刻度並不存在，所以，我們與解答之間，還有點距離。

我們目前還不知道如何準確地測量出6品脫；那麼，什麼是我們現在能夠測量的？（如果你不能解決眼前的問題，試著先從一些相關問題著手。你能否從已知數導出什麼有用的東西？）我們先找點事情做，隨便玩一玩。我們可以先把大的水桶裝滿，然後，倒出裡面的水，去把小水桶裝滿，如此一來，我們就有了5品脫的水。能不能得出6品脫呢？現在，又是兩個空的水桶，我們可以……

我們現在的做法，就和大多數的人在猜謎一樣。我們從兩個空的容器開始，先試試這樣，又試試那樣；把桶子裝滿，又把它倒掉；然後，如果還是不成功，就再換個方式，從頭開始。此時，我們是在「正向思考」：從所給的已知數出發，希望得出想要的結果；從已知數到未知數。多嘗試幾次之後，我們也許會很偶然地把問題解決掉。

2 然而，特別聰明的人，或是在數學課裡，除了例行性的計算之外，還有學到一點東西的人，很快就會停止這種嘗試，他們會掉頭，開始試著「反向思考」。

題目要求我們做什麼？（未知數是什麼？）想像一下，我們最後的目標或結果會是什麼？最後的答案是，在大水桶裡，裝了剛剛好6品脫的水，而且小水桶是空的，如圖25所示。（記得帕普斯說的：**讓我們從所求的結果出發，而且假設要找的已經找到了。**）

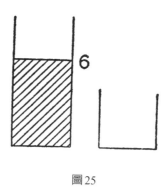

圖25

　　要先有哪一個前置步驟，才能得出圖25的狀況？（帕普斯說：
讓我們**思考最後結果的前一個步驟應該是什麼**？）當然，我們可以
把大水桶裝滿，也就是有9品脫的水。如果是這樣，我們就必須從大
水桶中，倒出剛剛好3品脫的水。如果要達到這個目標，我們就得先
在小水桶裡，裝好1品脫的水！對了，就是這樣！如圖26所示。

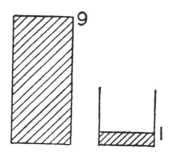

圖26

　　（我們剛剛得出的這個想法或步驟，其實一點也不容易，很少人可以不假思索就得出這個想法。事實上，了解這個想法的意義之後，大概也就能掌握底下主要的解題精神了。）

　　那麼，我們要怎麼做，才能得出圖26的結果呢？（讓我們**再次思考最後結果的前一個步驟應該是什麼？**）就我們的目的來說，河水是取之不盡的，所以圖26的情形，就等於是圖27的情形：

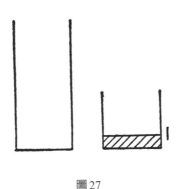

圖27

這其實也等於圖28的情形：

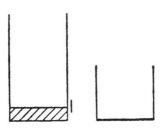

圖28

　　我們很容易可以看出來，只要能得出圖26、圖27、圖28的任何一種狀況，要再得出另外的兩種，都不困難。但是，要一開始就想到圖28並不容易，除非我們之前已經見過它，也許是在一開始的嘗試過程中，曾經偶然地得出這個狀況。在一開始，玩這兩個水桶時，我們可能就發現過圖28這個情形，而現在，我們回想起這個狀況：圖28的情形，可以由圖29推導出來：

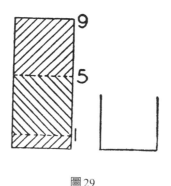

圖29

　　我們先把大水桶裝滿，然後，把其中的4品脫倒到小水桶去，然後用小水桶裡4品脫的水倒回河裡，接著，同樣的步驟再做一次。在此，我們終於得出一個完全已知的東西（如同帕普斯所言）。接下來，藉由分析法或**倒推法**，我們就能找出一個合適的解決步驟了。

　　至此，我們的確已經發現合適的解題步驟了，剩下的工作，只要把剛剛的步驟倒轉過來，從分析所得的最後一個步驟開始進行即可（如同帕普斯所言）。首先，依照圖29的建議，得出圖28，然後，把水從大水桶倒到小水桶，變成圖27，然後，把大水桶裝滿，

變成圖26，最後，就得出圖25了。只要**回溯分析的步驟，我們最後便能成功地得出想要求的結果。**

3 在古希臘的傳統裡，把分析法歸功為柏拉圖的發現。這個傳統也許並不可靠，但是，不管怎麼說，就算這個方法不是柏拉圖發明的，總會有某位古希臘學者認為需要把這個發現，歸功給某位哲學天才。

這個方法確實有它特殊的地方。像這樣需要讓腦筋轉個彎，遠離目標，或是不朝著目標直直前進，而是倒退著走，對於一般人的心理而言，是有某個難度的。當我們發現合適的步驟之後，我們還得專心「逆轉」剛剛所得出來的步驟。若是沒有好好地說明與解釋，這種逆轉的過程，可能會引起一些令人厭惡的感覺。

話說回來，利用倒推法來解決某些具體的問題，並不一定只有天才才做得到；只要稍有常識，每個人都是可以辦到的。我們專注在希望獲得的結果上，盡量去想像最終結果的圖像；再由此去思索，它的前一個步驟或條件應該為何。這是個很自然的想法，我們也很容易就會這樣問自己，因而開始「倒退想」。有一些簡單的問題，很自然地就會讓我們採用倒推法來思考；可參考<u>帕普斯</u>（第186頁）第4點的討論。

倒推法可說是一個相當普通的思考方式，日常生活中就常會自然產生這種想法，所以，我們很難相信，在柏拉圖之前的數學家或非數學家，會從來沒有用過這樣的思考方式。因此，某些古希臘學者之所以認為要歸功給柏拉圖這位天才，是因為柏拉圖把這個思維過程，運用一般的語言，很清楚地陳述出來，並讓它成為有助於解決數學與非數學問題的標準程序之一。

4 現在，我們來看看心理學的實驗──希望大家不會覺得，從柏拉圖一下子跳到狗、雞、猩猩等動物，顯得太過唐突。

假設有個長方形籬笆，其中三面用牆擋著，另一面是開著的，如圖30所示。我們把一隻狗放在圖中D的位置，而把一些狗食放在籬笆另一側的F的位置。對狗來說，這個問題應該不難。牠也許會先擺出姿勢，好像要直接朝著食物衝過去那樣，然後，很快又改變方向，掉頭繞過籬笆，接著便毫不猶豫地直接衝向食物。

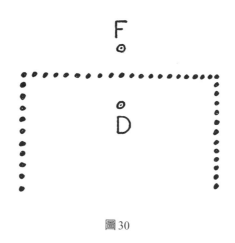

圖 30

不過，有時候，特別是當D與F這兩點非常接近的時候，解答就不會那麼明顯了；在想到我們剛剛說的那個「好點子」之前，這隻狗可能會花些時間先吠一吠，試著想在地上挖個洞，或是直接從籬笆上跳過去等等。

把狗換成其他的動物，來比較各種不同動物的解題方法，會有些有趣的發現。

這個問題對猩猩或是一個四歲小孩來說，都很容易（對四歲小

孩來說，也許玩具比食物來得有吸引力）。然而，對雞來說，這可是一大難題，牠會來來回回地在牠這一側的籬笆跳來跳去，興奮地咯咯叫個半天；如果牠最後真的能跑到食物那邊，也得花上很久的時間。雖然牠很可能根本吃不到那個食物，但是牠也可能在很多次的亂跑亂跳之後，意外地跑出籬笆範圍，成功吃到食物。

5 我們當然不能只根據這麼一個簡單的實驗，就建構出什麼偉大的理論。然而，從中尋找一些明顯的類比關係，加上我們願意隨時重新調整、修正我們的看法，應該也是沒有壞處的。

　　在障礙物附近徘徊、繞來繞去，是我們不論解任何問題都會做的事；這個動物實驗有一種象徵性的價值。那隻雞的解題模式，類似某些人在解題時毫無章法可言，只是不斷地胡亂嘗試，最後，雖然很幸運地成功了，卻是糊裡糊塗地不知道自己是如何成功的。

　　至於那隻狗，當牠在對著食物吠，或是希望在地上挖個洞鑽過去，或是直接從籬笆上跳過去時，就和我們前面碰到「兩個水桶」的問題一樣。期待水桶的側邊上畫有刻度，就像那隻狗期待可以挖個地洞鑽過去；這二個例子都顯示出，我們所要尋找的不是一個表面的答案。

　　狗和我們一樣，都先試著「正著走」，然後才慢慢發現，其實也可以「反過來走」。在了解狀況、稍做評估之後，那條狗知道要掉頭從籬笆的另一頭跑出去，是非常聰明的。

　　但是，我們千萬不能因此而認為那隻雞是愚笨的。掉頭本身就具有相當的難度：把視線從目標上移開、不朝著目標筆直地前進，或是不看著目標前進，都不是件容易的事。這隻雞的難處，其實跟我們的難處是很相像的。

第四部
問題、提示與解答

　　本書的最後一部分，希望提供給讀者一些額外的練習機會。

　　求解這些問題，有基本的高中數學知識就已經足夠。然而，它們卻都不是太簡單的問題，而且也不只是例行性的問題。有些問題需要讀者發揮創意、巧思，才能找到解答。❶

　　「提示」的部分，希望能指引讀者一個解題的方向，大部分都是直接從提示表中，挑選出合適的提問。若讀者已經「苦思」一段時間，相信透過這樣的提示，對發現解題的關鍵會很有幫助。

　　「解答」的部分，不僅僅是問題的最後答案，也寫出了解題的過程，當然，我們沒有鉅細靡遺的寫出來，而是留有一些思考空間，請讀者去填滿這些細節。有些解答的最後，多做了一點補充，希望讀者有進一步的思考。

　　真正用心思索去嘗試解題的讀者，才會從提示與解答當中獲益。如果能以自己的方式解決問題，就可以和本書所提供的方法作比較，或許能從中學到一些新的想法。如果在努力了一段時間，還是沒有特別的想法，那麼透過提示，也許能找到一些原本沒有想到的想法。萬一提示還是沒有幫助，那麼可以去看看解答，試著了解解題的關鍵想法，然後，把書本擺一邊，再試試看能否解決問題，求出解答。

---

❶ 除了第一題（這是許多人都熟悉的題目，因為太有趣了，所以收錄進來），其餘均為史丹福大學數學競試的題目（做了一點小幅的修改）。

Q1

在 P 點位置有一隻熊，朝著正南方走了一英里，然後改變方向，朝著正東方又走了一英里。接著向左轉，朝正北方走了一英里，此時剛好回到原來的起點 P。請問這隻熊是什麼顏色的？

提示

未知數是什麼？熊的顏色；可是，我們要怎麼從數學的資料中，找出熊的顏色呢？

已知數是什麼？一個幾何位置；可是這裡似乎有點自我矛盾，按題目的描述，走了 3 英里之後，這隻熊就走回到「原來的」起點？

Q2

巴布想要一塊地。這塊地的四個邊界，有兩邊必須是正東西向，另兩邊是正南北向，而且每一邊的邊長為 100 英尺，分毫不差。請問巴布能在美國找到這樣的一塊地嗎？

提示

你是否知道什麼相關的題目？

解答

Q1：你是否認爲這隻熊是白色的，而且 P 點就是北極？你能不能證明這個想法？由於大家對這個題目多少有點了解，所以我們把題目理想化一下。我們假設地球是個正球體，而這隻熊是一個會移動的質點。當這個點往正南方或正北方移動時，它是在**子午線**（經線）上移動；當它朝正東方移動時，它是在一個**與赤道平行的圓弧**（緯線）上移動。我們得把這兩個情形區分開來。

(1) 如果這隻熊是沿著**另外一條子午線**回到原點 P，那麼題目裡的這一點，一定會是北極點。事實上，另一個可能的起點是南極，然而，若牠是從南極出發，則一定得先朝北走才行。

(2) 這隻熊也有可能沿著**同一條子午線**回到 P 點：也就是當牠朝正東方走一英里時，牠是在一條與赤道平行的圓形軌道上，繞了 n 圈，n 是一個整數，等於 1、2、3 等等。此時，P 點並不是北極，而是位在南極附近一個平行於赤道的圓上的一點，而這個圓的周長略小於 $2\pi + 1/n$ 英里。

Q2：跟第一題一樣，我們把地球假定成一個球體。因此，巴布想要的這塊土地邊界，可以想成是由兩條經線與兩條緯線。現在，讓兩條經線保持固定，而平移兩條緯線，讓它們遠離赤道。在這個過程中，夾在兩條經線中的緯線圓弧長度，會愈來愈短，而且也不會等長。因此，巴布想要的這塊地的中心點，必須位在赤道上，也就是說，在美國**找不到**這樣的一塊地。

Q3

巴布有 10 個口袋以及 44 個一元的銅板。他希望在每個口袋都裝不同金額的銅板，請問他辦得到嗎？

提示

如果巴布有很多的錢，那麼要在每個口袋裡都裝進不同的金額，應該不是件難事。你能否把問題重新敘述一遍？

要分別在 10 個口袋裝進不同金額，最少需要多少錢？

Q4

為了標示一本巨著的頁碼，排版工人總共用了 2989 個鉛字。請問這本書到底有幾頁？

提示

這裡有一個相關的問題：如果某本書剛好有 9 頁，那麼需要用到幾個鉛字？（答案當然是 9 個。）

這裡有另外一個相關的問題：如果某本書剛好有 99 頁，那麼排版工人需要用到幾個鉛字？

解答

Q3：口袋中所能裝的最小金額，顯然是0元。稍大一點的金額會是1元，再來是2元等等。因此，最後一個（第十個）口袋裡的金額會是9元。因此，總共需要的最小金額是

$$0 + 1 + 2 + 3 + \cdots + 9 = 45$$

因此，巴布沒辦法讓每個口袋的金額都不同，因為他只有44元。

Q4：一本999頁的書籍，需要的數字鉛塊數目是

$$9 + 2 \times 90 + 3 \times 900 = 2889$$

若要依題意列出方程式，假設這本書有x頁，則：

$$2889 + 4(x - 999) = 2989$$

$$x = 1024$$

從這個問題中可以學到：大約的估計是很有用的，甚至是必要的。

Q5

我們意外發現爺爺的一張帳單，上面寫著：

72隻火雞　$_67.9_

帳單上的數目顯然代表總金額（貨幣單位為美元），不過，第一個數字和最後一個數字，卻因為年代久遠而無法辨識。請問這兩個數字應該是什麼？每隻火雞應該是多少錢？

提示

你能否把問題重新敘述一遍？

如果把總金額以「幾分錢」來表示，那麼這兩個無法辨識的數字應該是多少，才能讓總金額成為72的倍數？

Q6

已知一正六邊形，以及它內部的一個點。試畫一條線，經過該點，並把該六邊形的面積平均二等分。

提示

你能否想像出一個相關、但比較容易解決的問題？例如，比較一般化的問題？比較特殊的問題？相似或類比的問題？（參考第149頁「一般化」的第2點討論。）

解答

Q5：如果五位數 _679_ 可被 72 整除，那麼它也必須同時被 8 和 9 整除。先考慮被 8 整除的情況：因為 1000 一定可以被 8 整除，所以我們只需確保 79_ 也能被 8 整除即可。因此，只有 792 是可能的，也就是說，最後一位數字是 2。

這個數又是 9 的倍數，表示它的每位數字和也必須是 9 的倍數，由此可以推斷，第一位數字等於 3。

因此，在老祖父的時代，每一隻火雞的價格是 $367.92 ÷ 72 = $5.11。

Q6：「已知（共平面的）**一點**與**一個具有對稱中心**的形狀，以及它們的位置。試求一條等分該形狀的面積、且通過該點的直線。」想等分面積，這條未知直線必定得通過該平面形狀的對稱中心，以及題目所給定的點的位置。

請參閱發明者的悖論（第 165 頁）以及一般化（第 149 頁）的第 2 點討論。

Q7

已知一正方形。試求：從正方形外看此正方形的視角為 (a) 90° 與 (b) 45° 的點所形成的軌跡。請分別繪出這兩條軌跡，並詳加說明軌跡的形狀。

（令 P 為正方形外的一點，但與正方形位於同一平面上。「視角」的意思是，以 P 為頂點的一個張角，這個角的兩個邊，剛好可以把這個正方形包含在裡面。本題就是要求所有 P 點所形成的軌跡。）

提示

你是否知道什麼相關的題目？對一已知線段而言，以某個固定視角看向它的頂點的軌跡，會是兩條圓弧，而且這兩個圓弧會對稱地出現在該線段的兩側，此外，某圓弧的兩個端點，也就是這個線段的兩個端點。

解答

Q7：根據我們在提示裡所說的定理，這個視角的兩個邊，必定通過該正方形的兩個頂點。對正方形的同一對頂點來說，這個視角的頂點軌跡，會是一段通過正方形該對頂點的圓弧。因此，正方形的每一對（兩個）頂點，就會產生一段圓弧。

　　(a) 視角為 90° 的頂點軌跡，會包含 4 個半圓；(b) 視角為 45° 的頂點軌跡，會包含 8 個四分之一圓，如圖 31 所示。

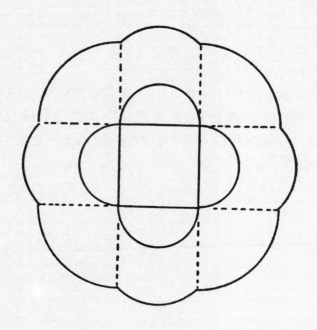

圖 31

Q8

假設某物體，繞著一條通過它的直線旋轉，當旋轉角度為某個介於 0 度與 360 度之間的角度時，這個物體會與它本來的形狀重合，那麼這條直線就稱為該物體的一個「軸」。

試求正立方體的軸，並請清楚描述每一個軸的所在位置，以及轉角等於幾度時，它會與本來的形狀重合。若此正立方體的邊長為 1 個單位長，試計算所有軸長的算術平均。

提示

假設讀者已經相當熟悉正立方體的形狀，而且稍微想像一下之後，便可以找到幾個軸。

只不過，這些就已經是全部的軸了嗎？你能否證明你已經把全部的軸都列出來了？在列舉這些軸的時候，你有沒有根據什麼明確的分類原則？

解答

Q8：穿透正立方體某處的軸，會有三種可能的情形：通過立方體的頂點、通過立方體的稜邊，以及通過它的其中一面。

　　如果是通過稜邊，但沒有通過稜邊兩端的頂點，那麼它必定要通過稜邊的中點才行，否則在旋轉之後，稜邊就無法重合。

　　同樣的道理，如果是通過其中一面，必定會通過該面的中心點。當然，每一條軸線也都必須通過正立方體的中心點。因此，總共有以下三種轉軸：

(1) 通過對角兩頂點的軸，有 4 條；轉角為 120° 與 240°。

(2) 通過兩條對邊中點的軸，有 6 條；轉角為 180°。

(3) 通過兩個相對面中心點的軸，有 3 條；轉角為 90°、180° 與 270°。

　　第一類軸線的長度，請參考第一部第 12 節；其他兩類的軸線長度，也都不難計算。所求的平均長度是

$$\frac{4\sqrt{3} + 6\sqrt{2} + 3}{13} = 1.416$$

（這個問題可能有助於結晶學的學習。對積分有相當了解的讀者，也許已經注意到，這個軸長的平均值，很近似於正立方體的「平均寬度」，也就是 3/2 = 1.5。）

Q9

某個四面體（未必是正四面體）的兩個對邊等長，長度為 a，而且互相垂直。此外，這兩邊又都與它們的中點連線垂直，而這條中點連線的長度為 b。試以 a、b 來表示這個四面體的體積，並加以證明。

提示

仔細看未知數！未知數是四面體的體積；是的，我知道，金字塔的體積就等於底面積乘以高，再除以 3。

但是現在的情形是，我們既不知道底面積，也不知道高。你能否想像出一個相關、但比較容易解決的問題？（你能否看出來，某個比較容易求解的四面體，它的體積可以整除原來的體積？）

解答

Q9：作一平面，使其通過邊長為 a 的其中一邊與邊長為 b 的兩邊中點連線。此平面會把原來的四面體，分割成兩個比較容易求解、而且是全等的四面體。它們的底面積為 $ab/2$，高為 $a/2$。因此，所求的四面體體積等於

$$2 \cdot \frac{1}{3} \cdot \frac{ab}{2} \cdot \frac{a}{2} = \frac{a^2 b}{6}$$

Q10

我們把金字塔頂端的頂點稱為「尖頂」。(a) 假設,當金字塔尖頂與底面各頂點等距離的時候,我們稱之為「等腰金字塔」。依此定義,試證明此金字塔的底面會有個**外接圓**,且其圓心剛好位在高的垂足。

(b) 假設「等腰金字塔」的定義改為:金字塔尖頂與底面各邊的垂直距離相等。依此定義,試證明此金字塔的底面會有個**內切圓**,且其圓心剛好位在高的垂足。

提示

你是否知道什麼相關的題目?你能否想像出一個相關、但比較容易解決的類比問題?可以。等腰三角形底邊上的高,它的垂足就是底邊的中點。

這裡有個相關的定理,而且也已經證明過了,你能運用它的證明方法嗎?這個等腰三角形的定理,是透過兩個全等的直角三角形而得證的(共用的一邊是它們的高)。

解答

Q10：假設金字塔的底面是有 n 邊的多邊形。在(a)的情形，這 n 邊的邊長是等長的；在(b)的情形，n 個側面（均為三角形）的高是相等的。如果我們畫出金字塔的高，對於(a)的情形，我們讓這個高的垂足，與底面的 n 個頂點相連；對於(b)的情形，則是讓這個高的垂足，與 n 個側面的高的垂足相連。如此一來，在這兩種情形下，都可以得出 n 個共用同一邊的直角三角形，共用的邊正是它們的高，也就是金字塔的高。

此外，這 n 個直角三角形彼此也都全等：事實上，這些直角三角形的斜邊（在(a)的情形是金字塔的側邊，在(b)的情形則是金字塔側面的高），根據題目的定義，也都是等長的；這些直角三角形的高（金字塔的高）又都是共用的；而在金字塔底部的直角也都是相等的。因此，這 n 個全等直角三角形的第三邊，也都會等長；這 n 個第三邊都有相同的起點（高的垂足），也都位在同一個平面上（金字塔底部），因此剛好可以視為某個圓的「圓心」。

至於第三邊的另一個端點，在(a)的情形，是底面多邊形的各頂點，因此這 n 個第三邊可視為是底面「外接圓」的半徑；至於(b)的情形，則是底面邊長的中點，因此這 n 個第三邊可視為是底面「內切圓」的半徑。

（對於(b)的情形，其實有一點還沒有證明，就是這 n 個半徑與對應的底邊邊長會互相垂直；這可由空間幾何中關於投影的一個著名定理而得證。）

這個問題最引人注目的地方是，一個平面的圖形（如等腰三角形），在立體幾何中，可能會出現兩種不同的類比。

Q11

試求四元聯立方程組的解 x、y、u、v：

$$x + 7y + 3v + 5u = 16$$
$$8x + 4y + 6v + 2u = -16$$
$$2x + 6y + 4v + 8u = 16$$
$$5x + 3y + 7v + u = -16$$

（這題看起來有點冗長而且無聊，所以請試著想一想，有什麼「捷徑」可用。）

提示

假設讀者對聯立方程組有基本的熟悉程度。在求解聯立方程組時，我們需要把其中的方程式，做一些組合，而某些特別的組合方式，會產生一些好處，例如可以大幅簡化計算過程。

解答

Q11：仔細觀察這些方程式，第一式與第四式、以及第二式與第三式，彼此有些密切的關係：它們在左邊的係數相同，但是次序相反；在等號右側則為正負號相反的數。因此，若我們把第一式與第四式、第二式與第三式，分別相加，結果可得：

$$6(x + u) + 10(y + v) = 0$$
$$10(x + u) + 10(y + v) = 0$$

此時，我們把這兩個方程式，看成是一組新的二元一次方程組，它的兩個未知數分別是 $x + u$ 與 $y + v$。由此很容易可以解出：

$$x + u = 0 \qquad y + v = 0$$

令 u 等於 $-x$，v 等於 $-y$，代入原方程組中的第一式與第二式，可得：

$$-4x + 4y = \quad 16$$
$$6x - 2y = -16$$

這是個簡單的聯立方程組，因此，最終的答案為：

$$x = -2，\quad y = 2，\quad u = 2，\quad v = -2$$

Q12

巴布、彼得與保羅三人一起旅行。彼得與保羅的腳力不錯，每小時可徒步走 p 英里。巴布的腳力不好，開了一輛兩人座的小車（不能坐三個人），車速每小時 c 英里。

這三個好朋友採用以下的方式旅行：他們同時出發，巴布先載著保羅，彼得先用走的。一陣子之後，保羅下車用走的，巴布開車回頭去接彼得，載著彼得直到他們趕上保羅為止。此時換保羅上車，彼得用走的，就和剛開始時一樣。然後，整個過程照這樣重複下去，直到抵達目的地為止。

(a) 請問他們一行三人每小時可行進若干英里？

(b) 在整個旅途中，這輛車上只坐一個人（巴布）的時間，占全部時間的比例為何？

(c) 試檢驗一下 $p=0$ 與 $p=c$ 這兩個極端的情形。

提示

你能把條件的各個部分分開，並且寫下來嗎？在起點以及他們三人再次相遇的時候，總共經歷了三個不同的階段：

(1) 巴布載著保羅；

(2) 巴布自己一人開著車；

(3) 巴布載著彼得。

用 t_1、t_2 和 t_3 分別表示這三個階段的時間長度。題目所給的條件，要怎麼樣拆解成適當的部分？

解答

Q12：從出發點到他們三人再次相遇的時候，三個人所行進的距離是相等的（不然，他們沒辦法碰在一起）；此外，別忘了「距離＝速率×時間」。我們把題目所給的條件分成兩部分：

巴布與保羅行進了相同的距離：$ct_1 - ct_2 + ct_3 = ct_1 + pt_2 + pt_3$

保羅與彼得行進了相同的距離：$ct_1 + pt_2 + pt_3 = pt_1 + pt_2 + ct_3$

第二個方程式可以化簡成：

$$(c - p)t_1 = (c - p)t_3$$

顯然我們可以假設車速大於人行走的速率，也就是 $c > p$。因此，

$$t_1 = t_3$$

也就是說，彼得走路的時間與保羅相等。從第一個方程式可得

$$\frac{t_3}{t_2} = \frac{c + p}{c - p}$$

當然，它也等於 t_1 / t_2。因此，我們可以得出答案為：

(a) $\dfrac{c(t_1 - t_2 + t_3)}{t_1 + t_2 + t_3} = \dfrac{c(c + 3p)}{3c + p}$

(b) $\dfrac{t_2}{t_1 + t_2 + t_3} = \dfrac{c - p}{3c + p}$

(c) 事實上，由於 $0 < p < c$，所以兩個極端的情形是：

當 $p = 0$ 時，(a)的結果是 $c/3$，(b)的結果是 $1/3$。

當 $p = c$ 時，(a)的結果是 c，(b)的結果是 0。

這些結果可以很容易就心算出來。

Q13

　　設有三個數成等差數列，另外三個數成等比數列。把兩數列相對應的每一項相加之後，分別得到以下三個數：

$$85 \、 76 \、 84$$

此外，等差數列中的三個數相加等於 126。試問這兩個數列的六個數分別為何？

提示

　　你能把條件的各個部分分開並寫下來嗎？假設

$$a-d, \ \ a, \ \ a+d$$

是等差數列的三個項，而

$$bg^{-1}, \ \ b, \ \ bg$$

是等比數列的三個項。

解答

Q13：這個條件可以很容易地分成四個部分，而寫成四個方程式：

$$a - d + bg^{-1} = 85$$
$$a + b = 76$$
$$a + d + bg = 84$$
$$3a = 126$$

從最後一個式子可知 $a = 42$，然後由第二式可得 $b = 34$。把剩餘的兩式相加（消去 d），可得：

$$2a + b(g^{-1} + g) = 169$$

由於 a 與 b 已知，代入上式之後，可以得出 g。因此，

$$g = 2，\quad d = -26$$

$$或$$

$$g = 1/2，\quad d = 25$$

因此，這兩組數列是：

$$\begin{cases} 68, 42, 16 \\ 17, 34, 68 \end{cases} \quad 或 \quad \begin{cases} 17, 42, 67 \\ 68, 34, 17 \end{cases}$$

Q14

下列方程式的四個根成等差數列：

$$x^4 - (3m + 2)x^2 + m^2 = 0$$

則 m 的值應為若干？

提示

條件是什麼？方程式的四個根為等差數列。

然而，這個方程式有個特點：它只包含未知數 x 的偶數次方，也就是說，如果 a 是一個根，那麼 $-a$ 也必定是一個根。

解答

Q14：如果 a 與 $-a$ 是兩個絕對值最小的根，那麼由這四個根所組成的等差數列為

$$-3a, -a, a, 3a$$

因此，原方程式等號左邊必須為

$$(x^2 - a^2)(x^2 - 9a^2)$$

把此式展開，並比較係數，可得出聯立方程組：

$$10a^2 = 3m + 2$$
$$9a^4 = m^2$$

消去 a 可得

$$19m^2 - 108m - 36 = 0$$

因此，$m = 6$ 或 $-6/19$。

Q15

某直角三角形的周長為 60 英寸，斜邊上的高為 12 英寸。試求三邊邊長。

提示

你能把條件的各個部分分開並且寫下來嗎？我們可以把條件分成三個部分，分別考慮：(1) 周長；(2) 直角三角形；(3) 斜邊上的高。

Q16

從山頂往下看平地上的兩個點 A 與 B。令這兩條視線的夾角為 γ；看 A 點時的傾角設為 α，看 B 點的傾角設為 β。假設 A 與 B 這兩點在同一水平面上，且彼此間距離為 c。

試以 α、β、γ 等角度與距離 c，來表示山頂在 A 與 B 水平面上的高度 x。

提示

你能把條件的各個部分分開，並把它們寫下來嗎？我們假設 a 和 b 是兩個未知的視線長度（從山頂分別到 A 和 B 的距離）。α、β 分別是兩視線與水平面的夾角，我們可以把條件分成三個不同的部分，分別考慮：(1) a 的傾角；(2) b 的傾角；(3) 邊長為 a、b、c 的三角形。

解答

Q15：令 a、b、c 為三角形三邊長，其中 c 為斜邊長。題目條件的三個部分可以表示為：

$$a + b + c = 60$$
$$a^2 + b^2 = c^2$$
$$ab = 12c$$

由於

$$(a + b)^2 = a^2 + b^2 + 2ab$$

我們可得：

$$(60 - c)^2 = c^2 + 24c$$

因此 $c = 25$，而 $a = 15$，$b = 20$ 或 $a = 20$，$b = 15$（這兩個情形都代表同一個三角形）。

Q16：題目條件的三個部分可以表示為：

$$\sin \alpha = \frac{x}{a}$$

$$\sin \beta = \frac{x}{b}$$

$$c^2 = a^2 + b^2 - 2ab \cos \gamma$$

消去 a 與 b 可得：

$$x^2 = \frac{c^2 \sin^2 \alpha \sin^2 \beta}{\sin^2 \alpha + \sin^2 \beta - 2 \sin \alpha \sin \beta \cos \gamma}$$

Q17

當 n 分別等於 1、2、3 時，底下這個式子

$$\frac{1}{2!} + \frac{2}{3!} + \frac{3}{4!} + \cdots + \frac{n}{(n+1)!}$$

的總和分別為 1/2、5/6 及 23/24，請猜猜看（必要時，可以多計算幾項），這個總和的通式應該為何？並請證明你的猜測。

提示

分母的 2、6 與 24 有沒有告訴你什麼？你是否知道什麼相關的問題？類比的問題？

可參考歸納與數學歸納法（第 157 頁）。

解答

Q17：我們猜

$$\frac{1}{2!} + \frac{2}{3!} + \cdots + \frac{n}{(n+1)!} = 1 - \frac{1}{(n+1)!}$$

根據歸納與數學歸納法（第157頁）的證明模式，我們會問：當數值由 n 變為 $n+1$ 時，我們猜測的公式是否還會成立？因此，當 $n = n + 1$ 時，

$$\frac{1}{2!} + \frac{2}{3!} + \cdots + \frac{n}{(n+1)!} + \frac{n+1}{(n+2)!} = 1 - \frac{1}{(n+2)!}$$

把這兩式相減，可得：

$$\frac{n+1}{(n+2)!} = -\frac{1}{(n+2)!} + \frac{1}{(n+1)!}$$

也就是

$$\frac{n+2}{(n+2)!} = \frac{1}{(n+1)!}$$

最後這個式子，對 $n = 1$、2、3、……顯然都是成立的，因此，根據數學歸納法，我們已經證明我們所猜的式子為眞。

Q18

考慮底下的式子：

$$
\begin{aligned}
1 &= 1 \\
3 + 5 &= 8 \\
7 + 9 + 11 &= 27 \\
13 + 15 + 17 + 19 &= 64 \\
21 + 23 + 25 + 27 + 29 &= 125
\end{aligned}
$$

請根據這些例子，用合適的數學記號寫出一個通式，並加以證明。

提示

利用歸納來發現規則，需要做一些觀察。先看看等號的右邊，再看看左邊的各個第一項以及最後一項。有發現什麼規則嗎？

解答

Q18：第 n 個式子的等號右方似乎是 n^3，左邊則是 n 個數的和。這個級數和的最後一項是第 m 個奇數，或說是 $2m-1$，其中，

$$m = 1 + 2 + 3 + \cdots + n = \frac{n(n+1)}{2}$$

參閱歸納與數學歸納法（第 157 頁）第 4 點討論。因此左手邊的級數的最後一項應該是，

$$2m - 1 = n^2 + n - 1$$

我們有兩種方式可以考慮這個級數的第一項：從最後一項往前倒退 $n-1$ 個步驟，可得

$$(n^2 + n - 1) - 2(n - 1) = n^2 - n + 1$$

其中，由最後一項往前一步，也就是該級數的倒數第二項是：

$$[(n - 1)^2 + (n - 1) - 1] + 2$$

由此，經過一些例行的化簡，可得出相同的形式：很好！所以，我們可以推斷：

$$(n^2 - n + 1) + (n^2 - n + 3) + \cdots + (n^2 + n - 1) = n^3$$

等號左邊是 n 項等差數列的和，其公差為 2。如果讀者知道等差級數的公式（首項加末項之和除以二，再乘以項數），便可以證出

$$\frac{(n^2 - n + 1) + (n^2 + n - 1)}{2} n = n^3$$

我們的推論就得證了。（稍微修改一下圖 18，很容易就可以證明出等差級數和的公式。）

Q19

有一正六邊形，邊長為 n（n 為一整數）。利用平行於六邊形各邊的等距離平行線，可以把該正六邊形分割成 T 個正三角形；假設這些正三角形的邊長為 1。

令 V 表示分割過後的頂點數目，L 表示長度為 1 的邊線數目。（頂點可能會由二個或多個三角形所共用，邊線可能會由一或二個三角形所共用。）當 $n = 1$ 時，也就是最簡單的情形：$T = 6$，$V = 7$，$L = 12$。

試考慮一般的情形，並以 n 來表示 T、V 和 L。

提示

畫個圖。這個圖形也許可以幫你歸納出一個規則，或是讓你發現存在於 T、V、L 和 n 之間的關係。

解答

Q19：若正六邊形的邊長爲n，則其周長爲$6n$。因此，這個周長是由$6n$個長度爲1的邊線所組成，而且包含了$6n$頂點。所以，每當n增加1時，也就是由$n-1$增爲n時，頂點數 V 會增加$6n$個單位。所以，

$$V = 1 + 6(1 + 2 + 3 + \cdots + n) = 3n^2 + 3n + 1$$

參閱歸納與數學歸納法（第157頁）第4點討論。通過中心點的三條對角線，會把這個六邊形分成六個（大的）正三角形。由此可以推論，正三角形的數目爲

$$T = 6(1 + 3 + 5 + \cdots + 2n - 1) = 6n^2$$

（等差級數和的計算公式請參閱第18題解答。）這T個三角形彼此共用了$3T$個邊，所以在六邊形內部長度爲1的這$6n$條線，重複算了兩次，而位在六邊形各邊上的三角形邊長，則只算了一次。
因此，

$$2L = 3T + 6n$$

也就是

$$L = 9n^2 + 3n$$

（給程度較好的讀者：從歐拉的多面體定理「面的數目＋頂點的數目＝邊的數目＋2」，可和$T + V = L + 1$。試證明這個關係式！）

Q20

　　想把美金 1 元的銅板，換成「美分」（cent）的銅板，可以有幾種換法？（在美金的幣值裡，銅板的種類有 1 分、5 分、10 分、25 分、50 分錢及 1 元銅板。1 美元＝ 100 美分。）

提示

　　未知數是什麼？我們所要尋找的是什麼東西？這個問題的題意需要稍微再說明一下。

　　你能否想像出一個相關、但比較容易解決的問題？比較一般化的問題？或是類比的問題？這裡有個非常簡單的類比問題：你可以用多少種方式來支付 1 分錢？（答案是只有 1 種。）

　　現在有個比較一般化的問題：利用 1 分、5 分、10 分、25 分、50 分錢的銅板，可以有多少種方式來支付 n 分錢？我們所面對的問題是 $n = 100$ 的特殊情形。

　　當 n 的數目不大的時候，我們不需要太高深的方法，只要稍微想一下，就可以得出答案。我們在此簡單列個表，請讀者稍微驗算一下：

n	4	5	9	10	14	15	19	20	24	25
E_n	1	2	2	4	4	6	6	9	9	13

　　第一列是我們所需要支付的金額，以 n 表示。第二列是我們可能有的「支付方式」，用 E_n 表示。（我之所以選用這兩個符號是有秘密的，不過我現在還不想說。）

這個題目所求的是 E_{100}，然而，如果沒有什麼比較明確的方法，我們似乎沒辦法算出來 E_{100} 可能會是多少。事實上，與前面的各個問題相比，這個問題需要讀者多下點功夫——你可能需要去「發明一點理論」。

我們面對的是個一般化的問題（計算某個 n 時的 E_n 等於多少），但它卻也是「孤立的」問題。

你能否想像出一個相關、但比較容易解決的問題？或是類比的問題？這裡有個非常簡單的類比問題：只用 1 分錢的銅板來支付 n 分錢，共有 A_n 種可能的支付方式，試求 A_n。（答案是 $A_n = 1$。）

解答

Q20：底下是一系列的類比問題，依序排列：計算 A_n、B_n、C_n、D_n 與 E_n。每一個數量都表示「可用來支付 n 分錢的總方法數」，差別在於可選用的銅板種類不同：

A_n：只用 1 分錢的硬幣；

B_n：只用 1 分錢、5 分錢的硬幣；

C_n：只用 1 分錢、5 分錢、10 分錢的硬幣；

D_n：只用 1 分錢、5 分錢、10 分錢、25 分錢的硬幣；

E_n：只用 1 分錢、5 分錢、10 分錢、25 分錢、50 分錢的硬幣；

E_n 與 A_n 在先前已經出現過了（選用 E_n 這個符號的理由，現在應該也明確了）。

使用五種銅板來支付 n 分錢的可能性數目，以 E_n 表示。不過，我們需要區分一下兩個可能的情況：

一、完全沒有用到 50 分錢的硬幣：依照定義，可能的支付總方法數為 D_n。

二、用了一個（或更多個）50 分錢的硬幣：由於剩下的金額為 $n - 50$，所以，可能使用的方法有 E_{n-50} 種。

我們可以據此推論

$$E_n = D_n + E_{n-50}$$

同樣的道理

$$D_n = C_n + D_{n-25}$$
$$C_n = B_n + C_{n-10}$$
$$B_n = A_n + B_{n-5}$$

此外，還有個小細節。若我們令

$$A_0 = B_0 = C_0 = D_0 = E_0 = 1$$

則上面這些式子也都是成立的（理由很明顯）。而且，若下標出現負值，則 A_n、B_n、……、E_n 都會等於 0。（例如，$E_{25} = D_{25}$ 是件很明顯的事情，而且也與第一個公式相吻合：$E_{25-50} = E_{-25} = 0$。）

這些公式具有「遞迴」（recursive）的特性，也就是說，我們可以利用數值較小的 n 或是次序在前的字母，來計算出新的數值。例如，如果已知 C_{20} 與 B_{30}，只要把這兩個數相加，就可以得出 C_{30}。

在底下的表格，第一列是 A_n 的數值，第一欄則是 $n = 0$ 的情形，全部的數值都等於 1（為什麼？）。

n	0	5	10	15	20	25	30	35	40	45	50
A_n	1	1	1	1	1	1	1	1	1	1	1
B_n	1	2	3	4	5	6	7	8	9	10	11
C_n	1	2	4	6	9	12	16	20	25	30	36
D_n	1	2	4	6	9	13	18	24	31	39	49
E_n	1	2	4	6	9	13	18	24	31	39	50

從這些初始數值開始，利用這些公式的「遞迴」特性，以及一些簡單的加法，就可以完成這個表格：表格中任意位置的數值，要不是等於它正上方的數字，就是把上方的數字與它左方的某數相加之和。例如：

$$C_{30} = B_{30} + C_{20} = 7 + 9 = 16$$

這個計算可以一直持續到 $E_{50} = 50$ 的情形：支付 50 分錢的方法，剛好有 50 種。再繼續算下去，讀者應該能夠算出 $E_{100} = 292$：想把一塊錢換成零錢的方式有 292 種。

國家圖書館出版品預行編目資料

怎樣解題 / 波利亞（G. Polya）著；蔡坤憲譯. -- 第一版. --
臺北市：遠見天下, 2006[民95]
　　面；　　公分. --（科學天地；82）
譯自：How to solve it : a new aspect of mathematical
method, 2nd ed.
ISBN 986-417-724-9（平裝）

1. 數學－教學法

310.3　　　　　　　　　　　　　　　95010988

閱讀天下文化，傳播進步觀念。

- 書店通路──歡迎至各大書店·網路書店選購天下文化叢書。

- 團體訂購──企業機關、學校團體訂購書籍，另享優惠或特製版本服務。
  請洽讀者服務專線02-2662-0012 或 02-2517-3688 * 904 由專人為您服務。

- 讀家官網──天下文化書坊
  天下文化書坊網站，提供最新出版書籍介紹、作者訪談、講堂活動、書摘簡報及精彩影音
  剪輯等，最即時、最完整的書籍資訊服務。

  bookzone.cwgv.com.tw

- 專屬書店──「93巷·人文空間」
  文人匯聚的新地標，在商業大樓林立中，獨樹一格空間，提供閱讀、餐飲、課程講座、
  場地出租等服務。
  地址：台北市松江路93巷2號1樓　電話：02-2509-5085

  CAFE.bookzone.com.tw

科學天地 82A

怎樣解題

作　　者／波利亞
譯　　者／蔡坤憲
顧 問 群／林和、牟中原、李國偉、周成功
總 編 輯／吳佩穎
編輯顧問／林榮崧
責任編輯／畢馨云
封面設計暨美術編輯／江儀玲

出 版 者／遠見天下文化出版股份有限公司
創 辦 人／高希均、王力行
遠見・天下文化 事業群榮譽董事長／高希均
遠見・天下文化 事業群董事長／王力行
天下文化社長／王力行
天下文化總經理／鄧瑋羚
國際事務開發部兼版權中心總監／潘欣
法律顧問／理律法律事務所陳長文律師　　著作權顧問／魏啟翔律師
出 版 者／遠見天下文化出版股份有限公司
社　　址／台北市 104 松江路 93 巷 1 號 2 樓
讀者服務專線／（02）2662-0012　傳真／（02）2662-0007 2662-0009
電子信箱／cwpc@cwgv.com.tw
直接郵撥帳號／1326703-6 號　遠見天下文化出版股份有限公司

電腦排版／極翔企業有限公司
製 版 廠／東豪印刷事業有限公司
印 刷 廠／祥峰印刷事業有限公司
裝 訂 廠／中原造像股份有限公司
登 記 證／局版台業字第 2517 號
總 經 銷／大和書報圖書股份有限公司　電話（02）8990-2588
出版日期／2006 年 6 月 26 日第一版第 1 次印行
　　　　　2024 年 2 月 17 日第二版第 7 次印行

定　　價／330 元
原著書名／HOW TO SOLVE IT: A New Aspect of Mathematical Method
by G. Polya
Copyright © 1945 by Princeton University Press.
Copyright © renewed 1973 by Princeton University Press.
Second Edition Copyright © 1957 by G. Polya.
Second Edition Copyright © renewed 1985 by Princeton University Press.
Complex Chinese Edition Copyright © 2006 by Commonwealth Publishing Co., Ltd., a member of
Commonwealth Publishing Group.
All rights reserved. No part of this book may be reproduced or transmitted in any form or by any
means, electronic or mechanical, including photocopying, recording or by any information storage
and retrieval system, without permission in writing from the Publisher.
4713510945322（英文版 ISBN：0-691-11966-X）

書號：BWS082A

天下文化官網 bookzone.cwgv.com.tw

※本書如有缺頁、破損、裝訂錯誤，請寄回本公司調換。

天下文化
BELIEVE IN READING